教育部大学计算机课程改革项目规划教材

丛书主编 卢湘鸿

# 游戏策划与设计

张帆 主编

潘瑞芳 周忠成 杜辉 李铉鑫 副主编

U0228269

清华大学出版社

北京

## 内 容 简 介

本书围绕游戏策划与设计,详细介绍游戏策划的基本理论,分析成功的游戏作品案例,并把理论运用到实际的游戏设计中。本书共分为9章,第1章,尝试为游戏做一个理论定义;第2章,回顾游戏的发展历史;第3章,列举当前游戏行业中常见的游戏策划人才分工;第4章,剖析游戏的规则组成;第5章,讲解组成游戏可玩性的基本要素;第6章,介绍目前流行的游戏迭代开发方法和交互式原型测试方法;第7章,列举常用的视频游戏交互方式;第8章,讲解游戏策划中重要的数值策划;第9章,介绍游戏策划文档的编写规范。

本书主要适合作为高等院校相关专业的学生教材,或供相关游戏策划与设计人员参考。

**图书在版编目(CIP)数据**

游戏策划与设计/张帆主编. —北京:清华大学出版社,2016(2025.1重印)
教育部大学计算机课程改革项目规划教材
ISBN 978-7-302-42799-5

Ⅰ. ①游… Ⅱ. ①张… Ⅲ. ①游戏—软件设计—高等学校—教材 Ⅳ. ①TP311.5

中国版本图书馆 CIP 数据核字(2016)第 028714 号

责任编辑:谢 琛 薛 阳
封面设计:常雪影
责任校对:时翠兰
责任印制:宋 林

出版发行:清华大学出版社
　　　　　网　　址:https://www.tup.com.cn,https://www.wqxuetang.com
　　　　　地　　址:北京清华大学学研大厦 A 座　　　　　邮　　编:100084
　　　　　社 总 机:010-83470000　　　　　邮　　购:010-62786544
　　　　　投稿与读者服务:010-62776969,c-service@tup.tsinghua.edu.cn
　　　　　质量反馈:010-62772015,zhiliang@tup.tsinghua.edu.cn
　　　　　课件下载:https://www.tup.com.cn,010-62795954
印 装 者:三河市科茂嘉荣印务有限公司
经　　销:全国新华书店
开　　本:185mm×260mm　　印　张:11.25　　字　数:262 千字
版　　次:2016 年 7 月第 1 版　　　　　印　次:2025 年 1 月第 9 次印刷
定　　价:36.00 元

产品编号:066947-02

# 序

以计算机为核心的信息技术应用能力已成为衡量一个人文化素质高低的重要标志之一。

大学非计算机专业开设计算机课程的主要目的是掌握计算机应用的能力以及在应用计算机过程中自然形成的包括计算思维意识在内的科学思维意识,以满足社会就业需要、专业需要与创新创业人才培养的需要。

根据《教育部关于全面提高高等教育质量的若干意见》(教高[2012]4号)精神,着力提升大学生信息素养和应用能力,推动计算机在面向应用的过程中培养文科学生的计算思维能力的文科大学计算机课程改革、落实由教育部高等教育司组织制订、教育部高等学校文科计算机基础教学指导委员会编写的高等学校文科类专业《大学计算机教学要求(第6版——2011年版)》(下面简称《教学要求》),在建立大学计算机知识体系结构的基础上,清华大学出版社依据教高司函[2012]188号文件中的部级项目1-3(基于计算思维培养的文科类大学计算机课程研究)、2-14(基于计算思维的人文类大学计算机系列课程及教材建设)、2-17(计算机艺术设计课程与教材创新研究)、2-18(音乐类院校计算机应用专业课程与专业基础课程系列化教材建设)的要求,组织编写、出版了本系列教材。

信息技术与文科类专业的相互结合、交叉、渗透,是现代科学技术发展趋势的重要方面,是新学科的一个不可忽视的生长点。加强文科类专业(包括文史法教类、经济管理类与艺术类)专业的计算机教育、开设具有专业特色的计算机课程是培养能够满足信息化社会对文科人才要求的重要举措,是培养跨学科、复合型、应用型的文科通才的重要环节。

《教学要求》把大文科的计算机教学,按专业门类分为文史法教类(人文类)、经济管理类与艺术类等三个系列。大文科计算机教学知识体系由计算机软硬件基础、办公信息处理、多媒体技术、计算机网络、数据库技术、程序设计、美术与设计类计算机应用以及音乐类计算机应用等8个知识领域组成。知识领域分为若干知识单元,知识单元再分为若干知识点。

大文科各专业对计算机知识点的需求是相对稳定、相对有限的。由属于一个或多个知识领域的知识点构成的课程则是不稳定、相对活跃、难以穷尽的。课程若按教学层次可分为计算机大公共课程(也就是大学计算机公共基础课程)、计算机小公共课程和计算机背景专业课程等三个层次。

第一层次的教学内容是文科各专业学生应知应会的。这些内容可为文科学生在与专业紧密结合的信息技术应用方面进一步深入学习打下基础。这一层次的教学内容是对文科大学生信息素质培养的基本保证,起着基础性与先导性的作用。

第二层次是在第一层次之上,为满足同一系列某些专业共同需要(包括与专业相结合而不是某个专业所特有的)而开设的计算机课程。其教学内容,或者在深度上超过第一层次的教学内容中的某一相应模块,或者拓展到第一层次中没有涉及的领域。这是满足大文科不同专业对计算机应用需要的课程。这部分教学内容在更大程度上决定了学生在其专业中应用计算机解决问题的能力与水平。

第三层次,也就是使用计算机工具,以计算机软硬件为背景而开设的为某一专业所特有的课程。其教学内容就是专业课。如果没有计算机作为工具支撑,这门课就开不起来。这部分教学内容显示了学校开设特色专业课的能力与水平。

这些课程,除了大学计算机应用基础,还涉及数字媒体、数据库、程序设计以及与文史哲法教类、经济管理类与艺术类相关的许多课程。通过这些课程的开设,是让学生掌握更多的计算机应用能力,在计算机面向应用过程中培养学生的计算思维及更加宽泛的科学思维能力。

清华大学出版社出版的这套教育部部级项目规划教材,就是根据教高司函[2012]188号文件及《教学要求》的基本精神编写而成的。它可以满足当前大文科各类专业计算机各层次教学的基本需要。

对教材中的不足或错误,敬请同行和读者批评指正。

卢湘鸿

2014 年 10 月于北京中关村科技园

---

卢湘鸿　北京语言大学信息科学学院计算机科学与技术系教授,原教育部高等学校文科计算机基础教学指导分委员会副主任、秘书长,现任教育部高等学校文科计算机基础教学指导分委员会顾问、全国高等院校计算机基础教育研究会文科专业委员会常务副主任兼秘书长,30 多年来一直从事非计算机专业的计算机教育研究。

# 作 者 简 介

**主编**：张帆，男，广东省潮州人，硕士，讲师。目前任职于浙江传媒学院新媒体学院，数字媒体技术专业（数字游戏设计方向）专业教师、专业副主任。主要研究方向为数字娱乐互动技术和游戏引擎原理。主要负责的课程有游戏策划与关卡设计、游戏脚本编程、游戏引擎原理和游戏实战开发等。曾获浙江传媒学院"师德标兵"、"三育人先进工作者"等荣誉称号。曾参与国家自然科学基金，国家新闻出版广电总局、国家文化创新工程等项目。主编高校游戏设计类教材《手机游戏的设计开发》和《Unity3D 游戏开发基础》共 2 部。指导学生多次获得国家级或浙江省省级大学生游戏设计相关比赛一等奖。

**副主编**：潘瑞芳，女，江西南昌人，硕士，教授，第十届浙江省政协委员，全国广播电影电视标委会委员，中国动漫艺术陈列馆专家指导委员会委员，中国动画学会教育委员会委员，计算机学会理事。现为浙江传媒学院教授，新媒体研究所所长，国家动画教学基地副主任。主要研究领域为数字媒体、计算机动画及数据库技术研究等。主持完成国家广电总局项目、浙江省自然科学基金项目、浙江省科技厅等项目；发表论文 60 余篇，获国家软件著作权登记 2 部，编撰出版著作 3 部，主编高校计算机类教材 5 部，获省级优秀教材一等奖 1 项，导演的两部三维动画短片获中国国际动漫节美猴奖提名。

**副主编**：周忠成，教授，男，汉族，1964 年 11 月生，浙江东阳人。毕业于吉林大学研究生院，现任浙江传媒学院新媒体学院副院长。中国广播电视学会会员。曾获浙江传媒学院校中青年学科带头人、校"师德标兵"、"三育人先进工作者"等荣誉。发表核心刊物论文十余篇，出版《数字音频制作技艺》等专著或教材 3 部，主持《基于草图的动漫玩具设计和制作系统的开发与应用》省级项目，主持《非线性编辑》省级精品课程，主持及参与其他各类项目 10 项。论文《影视后期制作中的数字色彩校正》获 2011 年度中国电影电视技术学会影视科技优秀论文三等奖。

**副主编**：杜辉，男，浙江省东阳人，博士研究生，副教授，主要研究方向：数字图像处理、计算机游戏动画。主持并参与了多项省部级科研项目。近三年，共发表了数篇 SCI/EI 论文。其中在国际重要学术期刊 *Computer Graphics Forum*、*The Visual Computer* 上发表 4 篇 SCI 论文，发表 7 篇 EI 论文。

**副主编**：李铉鑫，男，1984 年生，北京人。2015 年 2 月毕业于韩国国立公州大学游戏设计系游戏策划专业，博士学历。目前任职于浙江传媒学院新媒体学院数字媒体技术专业（数字游戏设计方向）专业教师。著有游戏设计方面的 6 篇 KCI 论文及 3 篇 EI 论文。

# 前　言

　　2014 年 1 月 6 日,国务院办公厅发布调整上海自贸区内相关行政法规和国务院文件规定的行政审批或者准入特别管理措施目录。其中明确规定,允许外资企业从事游戏游艺设备的生产和销售,通过文化主管部门内容审查的游戏游艺设备可面向国内市场销售,这意味着我国长达 13 年的游戏机禁售规定正式解除。政策限令的解除,激起国内外的游戏开发商对国内游戏市场的强烈兴趣,这对中国游戏行业来说无疑是利好的消息。

　　根据中国出版协会下属的中国音数协游戏工委(GPC)发表的《2014 年中国游戏产业报告》,截至 2014 年底,中国游戏市场用户数量约达到 5.17 亿人,比 2013 年增长了 4.6%。而 2014 年整个中国游戏行业的生产经营总收入约为 1520 亿元人民币,比 2013 年的 1230 亿元增收 290 亿元。由此可见,中国的游戏市场具有很大的潜力。

　　但目前,国内的游戏行业还存在很多阻碍行业发展的问题,其中游戏内容和玩法的抄袭、山寨、同质化尤为严重,这也使用户失去了尝试体验更多游戏新产品的乐趣,导致玩家的流失。导致该问题出现的原因有很多,本书作者认为,最根本的原因在于针对游戏设计还缺乏一套较为完善、可行的理论指导。

　　游戏策划,是游戏设计的核心。本书也将围绕游戏策划,结合作者 5 年的游戏策划教学经验,尽力避开苦涩难懂的纯理论说教的方式,在前人的实践和研究成果基础上,分析成功的游戏作品案例,总结出游戏策划的基本理论,最后再把理论运用到实际的游戏设计中。

　　本书以教材的方式进行编写,因游戏策划是一门理论和实践结合较为紧密的课程,因此本书除了教学内容之外,还附加了课后作业,方便教师的教学和学生对所学知识的巩固。同时本书适合不同水平层次的读者,无论是初学者或是已经有一定经验的开发人员,也可作为游戏开发者的参考资料。

　　如果作为教学用书,建议课时不少于 48(每周 3 节)。以每周 3 课时计算,前两节介绍理论知识,最后一节可作为讨论课,并在课下完成对应的练习题。

　　在此,要感谢对本书做出贡献的所有编委成员(褚少微,徐芝琦、荆丽茜、马同庆、叶福军、宋子龙、李嘉奇),特别要感谢浙江传媒学院新媒体学院的潘瑞芳院长和周忠成院长,他们为这本书的顺利出版提供了大力的支持,同时也要感谢我的学生宋子龙和李嘉奇同学,他们帮助我完成了材料的整理和最后的书稿校对,最后,要感谢我的夫人给予我的莫大精神鼓励。

　　游戏策划是一个博大精深且在不断发展的领域,该领域内容涵盖甚多,编者的水平和学识有限,使得书中难免错漏和不足之处,恳请读者批评指正和提出宝贵意见。作者联系邮箱：zf223669@126.com。

编者

2016 年 1 月

# 目 录

# 第 1 章

# 游戏的定义

什么是游戏？游戏的概念是什么？一个完整的游戏由哪些基础元素组成？什么样的游戏定义才能对游戏设计有帮助？这些看似简单的问题，却没有想象中那么简单。

纵观所有有关游戏设计或者对游戏进行描述的文章和书籍，都在尝试着对游戏加以定义，但迄今为止，还没有一个令所有人都信服的表述。为一个事物进行定义是非常严谨的，但是，有一些定义也许对更快地摸清游戏设计的道路有所帮助。

在本章中，不会深入研究游戏的确切定义，而是着重探讨游戏的基本组成元素，让游戏设计师在设计游戏的时候更有目标性。

## 1.1 什么是游戏

### 1.1.1 游戏的理论定义

心理学界的精神分析学派代表人物弗洛伊德(S. Freud)认为：游戏是人借助想象来满足自身愿望的虚拟活动。他觉得人类玩游戏是因为"唯乐思想"的作用。也就是说，人们玩游戏是想从游戏中获得某种快感。

荷兰历史学家约翰·赫伊津哈在他的论著《人：游戏者》中从人文和历史角度探讨了游戏的各种特性，得出"人是游戏者"，"文明是在游戏中并作为游戏而产生和发展起来的"两个惊人结论。他强调游戏的特征是"一种自愿的活动或消遣，在特定的时空里进行，遵循自愿接受但绝对具有约束力的规则，游戏自有其目的，伴有紧张、欢乐的情感，游戏的人具有明确'不同于''平常生活'的自我意识"。[①]

分析约翰·赫伊津哈给游戏下的定义，其中包含几个要素："自愿参与"、"特定时空"、"规则"、"目的"和"情感"。在赫伊津哈对游戏的定义中，更多地强调"玩"游戏的过程体验以及玩的结果，对于设计者来说，设计出来的游戏必须能够让人自愿参与，并能够给玩家带来良好的情感体验。但游戏当中的哪些原因能促使人们"自愿参与"，并能够给玩家带来各种不同"情感"体验，并没有明确指出。

游戏学家 E. M Avedon 在 *The Structural Elements of Games* 一文中分析了游戏的构成元素并得出一个游戏应该包含的要素是："游戏目标任务"、"行为步骤"、"行为规

---

① 约翰·赫伊津哈. 游戏的人：文化中游戏成分的研究. 何道宽译.

则"、"玩家"、"玩家在游戏中的角色"、"玩家在游戏中的交互模式"以及"结果"。他认为玩家通过与游戏的交互来控制游戏中的角色做出遵循游戏设定的规则的行为步骤,最终完成游戏的任务目标。该定义着重指出,游戏规则和游戏的任务目标是能够引起人们"自愿参与"并能够给玩家带来情感体验的主要原因。那么一个游戏只要设计好游戏规则和任务目标就算完成了吗?

Chris Crawford 写过一本非常有影响力的书——*The art of Computer Game Design*,他认为游戏也是一种艺术,因为游戏与艺术的功能相似,是一种被设计出来的能够通过某种"美妙"来产生情感的东西。而游戏中能够激发人们的情感的要素是:表现(Representation)、交互(Interaction)、冲突(Conflict)和安全(Safety)。

Chris Crawford 在对游戏的定义中提到了"表现",也就是游戏的表现形式,游戏表现可以是故事、画面、声音等能够表达游戏内容的概念,尤其在视频游戏当中,这个要素可以使得玩家更加相信游戏的环境,从而认同游戏中的内容。其实玩家在玩游戏时共有 4 种方式能让玩家沉浸于游戏中,分别是快速反应沉浸、策略思考沉浸、听视觉冲击沉浸以及叙述性沉浸。如"俄罗斯方块"就是一种快速反应沉浸,"星际争霸"是一种策略思考沉浸,而"仙剑奇侠传"、"心跳回忆"便是叙述沉浸。伴随技术的发展,听视觉方面的表现能力也越来越强,有的玩家甚至会理直气壮地说,画面不美观的游戏是永远不会去触碰的。因此,游戏听视觉表现的地位越来越突出,并成为展现一个游戏魅力的主要原因之一。

"交互性",是游戏与其他艺术形式之间的最大差别,玩家需要通过某种方式来控制游戏中的对象,游戏才能进行。交互方式是否合适也是影响游戏质量的原因之一。因此,对玩家如何与游戏进行交互,也是需要进行精心设计的。

他认为,"冲突"是玩家参与游戏、乐于游戏,并在游戏中采取某些行为的动机之一。这种冲突可以是玩家与玩家(Player Versus Player,PVP),也可以是玩家与环境(Player Versus Environment,PVE)或者其他能够给玩家带来游戏内压力的冲突。但是,不是每一个游戏当中都会包含"冲突"的元素,比如"模拟城市",是让玩家体验建造和管理城市的乐趣,而并没有太多的冲突元素。

最后一个因素"安全",安全是指玩家在游戏里边面对的各种挑战和冲突,都不是真正的危险,也就是说,玩家可以在这个虚拟的游戏世界中体验到在现实中很难体验到或者不能体验到的各种危险的经历而不会受到实际的身体伤害。不过也有部分游戏根本就没有什么"危险"可言,比如养成类游戏"模拟人生",该游戏并不会出现打打杀杀的情节。因此,虽然"安全"是玩家玩游戏的动机之一,但并不全是。

根据以上分析,该游戏定义中可取的元素有"表现"和"交互",至于"冲突"则要视具体游戏而定。

再来看 *Rules of Play-Game Design Fundamentals* 一书,作者 Katie Salen 和 Eric Zimmerman 提出了一个游戏系统论,其定义如下:游戏是一个系统,该系统由规则限定,使得玩家能够沉浸在其中的虚拟冲突里,并且最后会以可以衡量的结果进行反馈。该定义主要强调的是"系统",其中的"玩家"、"虚拟"、"冲突"、"规则"和"可以衡量的反馈机制"

之间的联系都是通过系统连接和调制的。这个定义当中提到"虚拟"的概念,也就是说游戏便是虚拟的,不真实的,当然对于电子游戏来说游戏肯定是虚拟的,强调了游戏其实就是一个假的场景、角色、冲突等,如何以假乱真,就是一个游戏设计师的本事了。但是,广义上的"虚拟"也可以沿用到平行实景游戏中,比如"捉迷藏",玩家就是游戏中的角色。这本书提出游戏规则也是一个游戏是否出色的核心原因,而反馈机制是玩家在游戏中所做的所有行为都能够得到及时的反馈,是一个游戏让玩家感受到这个游戏的规则存在的重要因素。

最后在 *Fundamentals of Game Design* 一书中,Ernest Adams 和 Andrew Rollings 给出的游戏定义是:在一种假设的虚拟环境下,参与者按照规则,实现至少一个既定的重要目标任务的娱乐性活动。该定义指出游戏需要包括的 4 个要素分别是:游戏规则、目标任务、玩和假想。游戏规则再次被强调是所有游戏的核心,而任务目标是玩家玩游戏的动力,而"玩"这个要素,就是玩家与游戏之间的互动,最后是假想(Image),就是要游戏能够让玩家把自己想象成游戏中的一部分。假想,是能够让玩家进入魔法圈(Magic Circle)[①]的一种玩家状态。如果一个游戏能够让玩家产生假想状态,那么这个游戏就算成功了。而要让玩家进入这个状态,就需要游戏规则、目标任务和交互来共同起作用。而"假想"这个元素,还包括其他能够引起假想的诱因,比如声音、画面等。

针对游戏的理论定义还有许多,至今为止还没有一个令人非常满意的答案。但公认的是一个游戏必须具有"规则"。一个游戏必须有其游戏规则,才能有可能被称为游戏,规则是所有游戏的核心。孟子的"没有规矩不能成方圆"用在游戏上可以这么说"没有规则不能成游戏"。

## 1.1.2　透过桌面游戏看游戏

以上的讨论是基于理论层面的,接下来先从较为基础的桌面游戏进行分析。

为什么以桌面游戏作为先行兵呢?因为桌面游戏可以排除数字游戏[②]中其他构成元素的干扰,更能突出游戏的可玩性,同时,很多数字游戏的原型也是通过从非数字版的实物游戏进行测试来修改和改进游戏玩法,很多桌面游戏也为数字游戏的设计提供了非常多的参考,如桌游"龙与地下城"便是现在很多数字版 RPG(角色扮演)游戏的范本。

接下来分别以棋牌类(井字棋、围棋、扑克)等游戏展开进行分析。

### 1. 棋类游戏

**井字棋(西方称为 tic-tac-toe)**,是一个在 3×3 格子上进行的回合制连珠策略类游戏,

---

①　魔法圈(Magic Circle)第一次出现在荷兰历史学家约翰·赫伊津哈的论著《人:游戏者》中,是玩家在玩游戏时建立的一种假想的世界。

②　指以数字技术为手段实现的游戏,该词可见 2003 年"数字游戏研究协会"(Digital Game Research Association,DiGRA)的正式擢名。

游戏需要的工具仅为纸和笔。首先在纸上画出一个井字，然后两个玩家分别使用 O 和 X 的记号分别代表自己，轮流在格子里的空白格子内留下标记（第一个玩家使用 X，第二个玩家使用 O）。如果其中有一个玩家放置的标记能够在行或列或对角线上连成一直线，该玩家获胜，如果 9 个空格都被填满，但没有赢家，那么打成平手。该游戏看起来简单易学，没有道具限制，但却具挑战性，深受玩家的喜欢，如图 1-1 所示。

图 1-1　井字棋

井字棋游戏的构成如下。

（1）一个可以用于进行游戏的区域，可以在纸上（或者墙上、沙滩上等）的井字（由 3×3 共 9 个格子）模样的格子，以及分别代表玩家的 O 和 X 记号；

（2）两个玩家；

（3）玩家轮流在棋盘内画下标记；

（4）只能在井字棋所限定的范围内空白格子内留下标记；

（5）一个玩家放置的标记能够在行或列或对角线上连成一直线，那么该玩家获胜，另一个玩家输掉游戏，如果 9 个空格都被填满，但没有赢家，那么打成平手。

从第（1）点可以看出，该游戏需要有能够让游戏进行的空间，同时有 O 和 X 记号来分别代表不同的玩家，在一定的意义上讲这就是游戏的表现方式（表现方式，也就是游戏看起来是什么样子的）；游戏需要有参与者，也就是两个玩家；从第（3）点和第（4）点看，需要有玩家可以采取的行为动作和只能采取的行为动作，也就是游戏规则，同时在玩家所决定采取的某种行为中，需要能够直接地改变游戏当前的局面，从而推进游戏的进展（规则）；最后玩家要尽量使得自己的三个标记连成一条直线，从而取得游戏的胜利（游戏的任务目标，也可以称为胜利条件和失败条件）；为了使得玩家自己能够赢得游戏，两个玩家之间具有很强的冲突性，互相揣测互相防范。每一位玩家只能在有限的 3×3 的棋盘内进行游戏，因此每一个空的棋盘格是玩家所能利用的有限资源。

以上的分析表明井字棋这个游戏包括"表现方式"、"玩家"、"玩家行为"、"冲突"、"游戏规则"、"胜利条件和失败条件"（目标任务）以及"资源"。

图 1-2　围棋

**围棋**，起源于中国，琴棋书画四艺之一，也可以说是棋的鼻祖。据记载，围棋至今已有四千多年的历史，中方称为"弈"，西方称为 go，现在是世界流行的棋类游戏之一。围棋这个游戏最大的特点是规则简单，但精通很难，这也是它能流芳百世的最大原因之一，如图 1-2 所示。

暂不探讨围棋的发展历史,且看它的游戏描述。

(1) 围棋是一种策略性两人棋类游戏。

(2) 棋子,分为黑白两色。其中,黑子 181 个,白子 180 个为宜。

(3) 棋盘,盘面为正方形,由纵横各 19 条等距离、垂直交叉的平行线,共构成 19×19＝361 个交叉点(以下简称为"点")。盘面上标有 9 个小圆点,称为星位,下让子棋时所让之子一般放在星位。

(4) 对局双方各执一色棋子,黑先白后,交替下子,每次只能下一子。

(5) 棋子只能下在棋盘上的交叉点上。

(6) 棋子落下后,不得向其他位置移动。

(7) 轮流下子是双方的权利,但允许任何一方放弃下子权。

(8) 如果一方的棋子把另一方棋子围住,那么对方的棋子此时处于"无气"状态,必从棋盘上清理出去,称为"提子",最终在棋盘上的围住的点数最多者获胜。

首先,从第(1)点可以看出该游戏需要两个玩家;第(2)、(3)点的描述说明该游戏需要棋子和棋盘,以及它们的数量和样式(表现方式);第(4)~(8)点,描述了该游戏的基本规则。而玩家与该游戏的交互便是每回合根据当前棋面的情况,经过思考之后执一子放入棋盘中某一点上。在围棋游戏中,玩家所有的资源是有限的棋子和空的落棋点。

因此,围棋这个游戏也包括"游戏表现"、"游戏规则"、"玩家行为"、"冲突"、"目标任务(胜利条件和失败条件)"以及"资源"。

对"井字棋"和"围棋"的总结,可以看出它们都包括"游戏表现"、"游戏规则"、"玩家行为"、"冲突"、"目标任务(胜利条件和失败条件)"以及"资源"。

除了围棋之外,还有"五子棋"、"中国象棋"、"国际象棋"、"西洋双陆棋"、"跳棋"、"军棋"、"动物棋"等棋类游戏。如果对它们加以分析,可以发现它们也具有"井字棋"和"围棋"所具有的游戏构成元素。

### 2. 牌类

与棋类有同样的体验效果,但玩法却大有不同的便是牌类。比如传统牌类(扑克牌)由 2、A、K、Q、J、10、9、8、7、6、5、4、3 这 13 个牌值 4 种花色组成的 52 张牌以及大王小王两张王牌,便能够玩出不同花样来,如"21 点"、"接龙"、"斗地主"、"跑得快"等,如图 1-3 所示。

54 张扑克牌可以千变万化,设计出成千上万个游戏来。这 54 张牌其实就是扑克游戏的表现形式,而所谓不同的玩法花样,就是这些牌类的游戏规则。只要游戏规则改变,其游戏玩法可能就大相径庭了。

牌类游戏的规则通过规定玩家获取手牌

图 1-3 扑克牌

的方式以及其数量,指定每张牌的组合(如可以 5 张连牌组合)和压制规则(如双牌只能压制比上一家玩家所出的比该牌面小的双牌),牌类游戏的规则使得牌与牌之间,玩家与玩家之间都有千丝万缕的关系,这便是牌类游戏的最大魅力之一。

虽然牌类的游戏规则比棋类的游戏规则要复杂得多,但归根结底最核心的规则就是大牌吃小牌,这条规则使得人人都能够很快上手牌类游戏,但是,要能精通它并在每一局中都能取胜,其难度也不亚于棋类游戏,这也是扑克牌的迷人之处。

"斗地主"这种游戏可以说是风靡全中国,虽然在每个地方其玩法稍有不同,但其基本的规则还是相同的。下面是"斗地主"游戏的简要游戏规则。

(1) 使用 54 张扑克牌。

(2) 该游戏需要三个或者四个人进行游戏。其中一方为地主,其余为贫民。

(3) 同是贫民身份的玩家互相帮助,共同压制另一方(斗地主)。

(4) 发牌:一副牌,留三张底牌,其余发给玩家。

(5) 叫牌:按出牌顺序轮流叫牌,每位玩家叫一次。叫牌时可以叫"1 分"、"2 分"、"3 分"或者不叫。后叫牌者只能叫比前面玩家高的分或者不叫。叫牌结束后所叫分值最大的玩家为地主;如果有玩家叫"3 分"则立即结束叫牌,该玩家为地主;如果都不叫,则重新发牌,重新叫牌。该过程主要是确定玩家的地主身份。

(6) 出牌:将三张底牌交给地主,并亮出底牌让所有人都能看到。地主首先出牌,然后按逆时针顺序依次出牌,轮到用户跟牌时,用户可以选择"不出"或出比上一个玩家大的牌。某一玩家出完牌时结束本局。

(7) 牌型如下。

① 火箭:即双王(大王和小王),最大的牌。

② 炸弹:4 张同数值牌(如 4 个 7)。

③ 单牌:单张牌(如红桃 5)。

④ 对牌:数值相同的两张牌(如梅花 4+方块 4)。

⑤ 三张牌:数值相同的三张牌(如三个 J)。

⑥ 三带一:数值相同的三张牌+一张单牌或一对牌。例如:333+6 或 444+99。

⑦ 单顺:5 张或更多的连续单牌(如 45678 或 78910JQK)。不包括 2 点和双王。

⑧ 双顺:三对或更多的连续对牌(如 334455、7788991010JJ)。不包括 2 点和双王。

⑨ 三顺:两个或更多的连续三张牌(如 333444、555666777888)。不包括 2 点和双王。

⑩ 飞机带翅膀:三顺+同数量的单牌(或同数量的对牌)。例如:444555+79 或 333444555+7799JJ。

⑪ 四带二:四张牌+两手牌。(注意:四带二不是炸弹。)例如:5555+3+8 或 4444+55+77。

(8) 牌型大小如下。

① 火箭最大,可以打任意其他的牌。

② 炸弹比火箭小,比其他牌大。都是炸弹时按牌的分值比大小。除火箭和炸弹外,

其他牌必须要牌型相同且总张数相同才能比大小。

③ 单牌按分值比大小,依次是大王>小王>2>A>K>Q>J>10>9>8>7>6>5>4>3,不分花色。

④ 对牌、三张牌都按分值比大小。

⑤ 顺牌按最大的一张牌的分值来比大小。

⑥ 飞机带翅膀和四带二按其中的三顺和四张部分来比,带的牌不影响大小。

(9) 任意一家出完牌后结束游戏,若是地主先出完牌则地主胜,否则另外两家胜。

　　分析该游戏,其第(1)点和第(2)点描述了该游戏的表现形式(扑克牌以及玩家角色)。第(3)~(9)点,都是在描述游戏的规则。在游戏规则中,规定了什么时候玩家能出牌,什么时候不能出牌(玩家的游戏行为),而在规则中也规定了该游戏的胜利条件与失败条件,如第(9)点。同时,每一位玩家手中有有限可出手的牌。最后,玩家在游戏规则的范围内进行对抗而形成冲突。

　　在“斗地主”这个游戏中,与棋类游戏相似,也具有“游戏表现”、“游戏规则”、“玩家行为”、“冲突”、“目标任务(胜利条件和失败条件)”以及“资源”。但这里需要强调一点,“冲突”这个词应该描述的是玩家在游戏中所表现出来的对抗,是游戏设计的一个目的,而不是内容。也就是说,这个游戏能够使得玩家具有“对抗”的体验,而具体怎么样对抗,则是由游戏规则来确定的。

　　除了“斗地主”这个游戏,还有利用其他牌种进行游戏的牌类游戏,比如“麻将”、“桥牌”、“多米诺骨牌”等。但百变不离其宗,这些游戏的核心组成要素也是相似的。

　　随着牌类游戏的发展,现在市面上也出现了更多牌种,更多游戏玩法的牌类游戏,比如UNO,“万智牌”、“桥牌”,以及后起之秀“三国杀”、“我是 MT”、“炉石传说”等都被称为卡牌的游戏。这些卡牌游戏在游戏表现上更加丰富,比如“万智牌”和“三国杀”等游戏都具有更加丰富的牌面主题,并且这些主题与游戏规则是息息相关的。而且玩法也与传统扑克的玩法大相径庭,例如“万智牌”,利用前所未有的集卡式获取卡牌的方式而增加了游戏的多样性、不确定性,同时利用具有主题内容的卡牌进行玩家对抗[①],如图 1-4 和图 1-5 所示。

图 1-4　万智牌

图 1-5　三国杀

①　在万智牌中,玩家所拥有的所有牌卡是通过分别购买得到的,而且在每次购买的时候不知道里边包含哪些牌,因为卡牌厂家会故意把随机挑选的卡牌打包出售。玩家在打开包装后才知道购买了哪些牌卡,当然,玩家可以把自己所拥有的牌与其他玩家进行交换。每张万智卡牌上有不同的角色肖像,还会有不同的属性值,如力量、防御力等来代表玩家的攻击力和防御力等。

### 3．桌面游戏

桌面游戏(Board Game)，广义上来讲应该涵盖棋类、牌类以及其他益智游戏，它非常形象地描述了发生游戏的地点和范围，很容易让人联想到三五个人围在桌子前进行游戏的场景。除了棋牌类游戏之外，还有一类游戏，它综合利用棋子、棋盘、卡牌、骰子等游戏道具来进行游戏。它与传统的棋牌类游戏的最大区别在于都拥有一个精彩的游戏主题作为游戏的故事背景。如著名的"现代艺术"、"卡坦岛"、"卡卡颂"、"大富翁"、"飞行棋"、"狼人"以及作为 RPG 游戏鼻祖的"龙与地下城"等。在这类桌面游戏中，玩家往往会扮演游戏中的某一个角色，通过玩游戏来书写关于这个角色的独一无二的情节。

以"现代艺术"这个以拍卖为主要玩法的桌面游戏来说，它是关于艺术品拍卖的，玩家既是买家也是卖家，通过买卖画获得利润，该游戏能够考验玩家对现金流的使用，当最后一回合结束之后，谁手中的钱最多，那么便是赢家，如图 1-6 所示。

"卡坦岛"是一个深受玩家赞誉的思考策略游戏，1995 年出版时即荣获德国年度最佳游戏及德国玩家票选最佳游戏第一名。游戏以大航海时代航海家发现了一个资源丰富的岛屿为背景。该岛屿被叫作卡坦岛。卡坦岛由平原、草原、森林、山丘及山脉组成。玩家在游戏中扮演一个拓荒者，定居在之前没有人居住的卡坦岛上。卡坦岛由六角形的地形组成。这些地形分别是平原、草原、森林、山丘及山脉。玩家在六角形的角建立聚落、城镇，在边线建造道路。玩家的聚落、城镇、道路不可共存于同一的角或边线，因此玩家需要扩张争取生存空间。物品的生产则通过掷骰子决定，加上贼匪阻碍生产，玩家要筹集物产进行建设。除自我生产外，交易物产更是必需的。玩家间合作朝目标前进之余，也要寻找自己的制胜之道，如图 1-7 所示。该游戏也是运气与策略并重，结构简单但又变化复杂，因此迅速流行起来。

图 1-6　现代艺术

图 1-7　卡坦岛

"飞行棋"，大家都不会陌生，一张棋盘，红黄蓝绿棋子各 4 颗，骰子一个，两到四个人进行游戏，棋盘棋子路程是根据德国战斗机战术中的"拉菲伯雷圆圈"设计的。起初是由法国人发明的利用骰子决定棋子行走格数,哪位玩家所代表的 4 个同颜色棋子最先到达终点,那么该玩家取得胜利。后来引进到中国,在原来游戏规则的基础上加入了跳子和起飞等概念,增加了游戏的偶然性和趣味性,如图 1-8 所示。

图 1-8　飞行棋

从这类桌面游戏看,"游戏规则"、"玩家行为"、"冲突"、"任务目标"等要素都被包裹在游戏的华丽"表现"要素里。但抛开其华丽的外衣之后,其实驱动游戏的真正原因还在于出色的游戏规则。但是,这些表现对于一个新的游戏来说是最能吸引新人眼球的,可以设想,如果把这些桌面游戏的主题完全剔除掉,会是什么样的结果呢?

根据以上的分析,无论是棋牌类游戏还有桌面游戏,都无疑包括"游戏规则"、"玩家行为"、"冲突"、"目标任务"、"游戏表现"以及"资源"等元素。下面来初步分析这几个元素之间的关系。

游戏规则决定了玩家能做什么和不能做什么,也就是规范玩家的行为,玩家必须在游戏规则的范围内进行游戏,同时游戏规则也规定了玩家以什么样的方式进行对抗,以及最后赢得游戏的条件。游戏表现可以是画面、声音、主题、故事等,它被认为是游戏的皮肤,不仅可以加深玩家对这个游戏的第一印象,同时也是一些游戏规则制定的依据。

关于游戏表现,有一个很奇怪但却是现实存在的现象,当玩家对这个游戏非常熟悉之后,"游戏表现"就可能被玩家不自觉地剥离掉,比如"中国象棋"。现在人们在玩该游戏的时候一般不会想到千军万马激战的情景,其中的"士"、"卒"、"帅"只是一个规则的抽象代号而已。据调查,玩家在一款网络游戏中待久了之后,也会逐渐忽略掉华丽的声音画面或者故事背景,而只是极其忠诚地按照游戏中的规则游戏。

综上所述,作为一个游戏设计师,如果是在设计桌面游戏时,需要考虑这几个要素:**游戏规则、游戏表现、胜利条件和失败条件,玩家行为以及玩家所面临的冲突**。其中,游戏规则是所有游戏的核心,而游戏规则的好坏需要经过玩家的游戏过程才能充分体现出来。

**对于桌面游戏设计来说,需要设计出明确的游戏规则,玩家根据游戏规则能够采取和不能采取的行为来进行对抗,玩家的胜利条件和失败条件是什么,同等重要的是也要根据具体游戏需要设计出其游戏的表现方式。**

作为一个数字游戏设计师来说,能够首先学会设计出吸引人的桌面游戏也是其基本技能之一。因为游戏设计者要对游戏中的基本元素(规则、玩家行为和目标等)有透彻的理解,还要能只使用纸和笔就设计出令人满意的作品。[①] 也就是说,设计桌面游戏是锻炼一个游戏设计师能力的方法之一,因为它能让设计师更加注重游戏规则的设计。

---

① Ernest Adams,Andrew Rollings. Fundamentals of Game Design. 王鹏杰译. 北京:机械工业出版社.

### 1.1.3　视频游戏与非视频游戏的区别

随着计算机技术的发展,以计算机为载体的游戏也孕育而生。以计算机为载体的游戏一般被称为数字游戏(以数字电路为技术基础),或称为电子游戏(Electric Game),有的人也把数字游戏称为视频游戏,因为所有数字游戏都需要通过屏幕呈现出来。在本书中,将使用视频游戏这个名称。

视频游戏是游戏领域的一个子集。作为游戏的一个子集,视频游戏也应该具备游戏规则、对抗、玩家行为和游戏表现。但是,它与桌面游戏又有一些差别,而这些差别又使得玩家更加喜欢玩视频游戏。

#### 1. 更多的交互方式

在游戏领域,交互指玩家通过某种方式与游戏进行交流。自从以计算机为载体的游戏出现之后,其游戏的交互性才得以突显出来。现在,人们认为游戏与其他艺术形式之间的最大区别就在于交互性。在计算机时代,玩家通过键盘、鼠标、游戏手柄,甚至是体感控制等设备来控制游戏当中的角色,从而可以按照玩家自己的意愿来推动游戏的运行,让玩家的参与感与代入感更加强烈。而这些方式是桌面游戏与其他艺术形式所不能比拟的,如图 1-9 和图 1-10 所示。

图 1-9　游戏手柄

图 1-10　体感控制

#### 2. 人工智能与规则实现

作为数字游戏载体的计算机,由于具备强大的自运算能力,使得它不必再像以前的桌面游戏一样在学习游戏时必须拿着一本游戏规则说明书,因为计算机已经为玩家实现并自动运行它们,甚至游戏中的"非玩家角色"(Non Player Character,NPC)的人工智能也由计算机来完成,因此玩家一进入游戏中,其游戏规则便开始自动运行。玩家不必再去自己执行游戏规则,这些都由计算机来负责,玩家要做的只是探索和学习这些被隐藏的游戏规则,这被证明也是玩家玩游戏的一大乐趣之一。

视频游戏不仅能够把玩家需要自己实现规则的负担中解放出来,也可以实现更加复杂的游戏规则。例如,在 Atari 2600 的游戏上有一款名为"蜈蚣"(Centipede)的游戏,玩过该游戏的玩家应该知道,这款游戏里边的 NPC 的移动机制以及它们内在的联系较为复杂,但是这些规则机制却被计算机隐藏在背后,玩家要掌握这些规则,就需要不断地摸索,不断地挖掘,不断学习。这也是为什么会有大量攻略出版物或者网络论坛出现的原因,因为玩家在游戏的过程中对游戏的未知探索经验可以在这些媒体上与其他玩家进行分享交流。

### 3．更加丰富的表现方式

在以前的游戏当中,游戏的虚拟世界需要靠玩家的想象来完成,如桌游版的"大富翁",玩家只是控制一个抽象的棋子,并在脑子中想象这个游戏世界,而计算机的显示功能,使得整个游戏虚拟世界能够呈现在屏幕上,可以使得这些虚拟世界在视觉上更加鲜活生动,如图 1-11 和图 1-12 所示。

图 1-11  "大富翁"桌游版

还有"古墓丽影"就是以其出色和壮观逼真的场景呈现使得玩家爱不释手,同时也打造了世界上最有魅力的游戏女主角——劳拉,如图 1-13 所示。

图 1-12  "大富翁"视频版

图 1-13  "古墓丽影"

虽然目前的数字游戏画面已经与几十年前的画面相比要提升几个数量级的档次,但到目前为止,其效果离照片级别还尚有很大的提高空间,这也是目前图形学研究者们努力的方向。从某一个方面讲,玩家对数字游戏的视觉效果的永不满足是推动计算机图形学不断向前的动力之一。

在数字游戏刚开始起步时,计算机表现能力严重不足,游戏的吸引力大部分来自它的可玩性。但随着计算机表现技术(如多媒体计算机等)的提高,玩家对游戏的表现要求也越来越高,因为一部分玩家对游戏的视觉体验和听觉体验有较高的要求。这时便出现了唯美学论(如微软和 Sony 的游戏)和唯可玩性论(如任天堂的游戏),当然这里边的纷争非常复杂,在此不多赘述。其实,好的游戏表现创造了游戏环境,这不仅起到推销游戏的作用,同时也使得玩家能够更好地置身于游戏的虚拟环境中,如 Bernard Perron 在他的

*Horror Video Game* 中所说的,要让玩家能够体验到游戏所带来的恐怖感和刺激感,首先需要使玩家能够更加沉浸在游戏环境中,比如在"逃生"这款恐怖游戏中,其游戏规则非常简单,就是"逃",但是其黑暗的画面,在寂静中一丝丝喘气声,都把该游戏的恐怖效果发挥得淋漓尽致。声音和画面的结合,这些是桌面游戏无法比拟的,如图1-14所示。

图 1-14 "逃生"

那么,游戏表现和游戏规则哪个更加重要? 当 PS 和 Xbox 在比拼视觉效果时,任天堂却坚持着游戏可玩性至上的原则,这个决策使得它能够为游戏界留下很多经典的游戏作品,比如"脑力训练",以及诸多可玩性和体验感非常强的 Wii 体感游戏。

或许可以把"游戏表现"比喻成一位女性的外貌容颜,而"游戏规则"是这位女性的内在修养,如果该位女性能够内外兼修,那么是再好不过的了。游戏表现起到加深第一印象、抓人眼球的作用,而游戏规则是要慢慢体会品味、细细感觉,但是能够流芳百世的,往往是游戏规则。因为现在很多游戏虽然在画面上不同,但是玩家在实际体验中却总有似曾相识的感觉,慢慢地甚至会起厌烦之心,最主要的原因便是这些游戏往往是规则一成不变,只更换美术资源(俗称换皮肤)而已。

在资源有限的条件下,是注重美学还是注重可玩性,可能需要权衡左右,需要根据该游戏想要给玩家带来什么样的体验而定。但是,如果要留下经典,游戏可玩性还是需要放在第一位,而美学是为游戏可玩性服务的。宫本茂如此解释:"如果游戏操控方式没有乐趣,那么画面、音效,甚至角色和剧情都是毫无意义的。"纵观游戏的历史历程,游戏可玩性的好坏是决定一个游戏是否具有重玩性的最重要的因素。那么什么是游戏可玩性?

## 1.1.4　游戏可玩性——产生幸福感的源泉

玩游戏是一种娱乐行为,它能给玩家带来快乐。游戏中最能给玩家带来快乐的元素是挑战(也称为障碍)和应对挑战所做出的动作(也称为玩家技能)。

在《游戏改变世界》(*Reality is Broken*)一书中,作者简·麦格尼格尔(Jane McGonigal)在阐述游戏如何给玩家带来幸福感时谈到,"面对真实的现实,游戏更能激励我们主动挑战障碍,帮助我们更好地发挥个人强项。"[1]当玩家在游戏中面对在现实生活

---

① 简·麦格尼格尔(Jane McGonigal). 游戏改变世界. 杭州:浙江人民出版社.

中比较难或者根本不可能遇到的挑战并攻克它时,会自然而然地引发玩家的**"自豪感"**。所谓自豪感,便是人们走出逆境后的感觉。玩家在游戏中上瘾,最大的原因也在于能够在游戏中体验到现实生活中很难或者不能体会到的自豪与骄傲。

在玩家体会到自豪感之前,玩家在朝着任务目标前进的过程中,克服着游戏的重重挑战,优秀的游戏会让玩家随时发挥出最高的技能水平,并一直游走在濒临失败的边缘。但等你真的失败了,会产生一种重新攀登高峰的冲动。这是因为人在能力极限下进行工作时所达到的投入状态,而这种状态就是心理学家哈里·希斯赞特米哈伊(Mihaly Csikszentmihalyi)所指的"心流"(Flow)。所谓心流,就是一种将个人精神力量完全投注在某种活动上的感觉;心流产生时同时会有高度的兴奋及充实感。

玩家玩游戏的过程,就是玩家不断选择合适的技能克服游戏中的障碍的过程。游戏中的乐趣就来源于不断挖掘游戏中的玩法规律并利用这些规律来克服游戏中的障碍。根据简·麦格尼格尔(Jane McGonigal)的理论,如果能够给玩家带来"心流"和"自豪感",那么这款游戏是优秀的。要产生这两种心理感受,最直接和最有效的方法便是合理地为游戏设计对应的游戏挑战和玩家技能,并为这些挑战合理安排出场的时间和地点(通常这些挑战在安排时需要注意难度曲线与节奏)。除了游戏挑战和玩家技能之外,还需要有一种游戏对玩家所采取的动作做出及时反馈的机制。

视频游戏与非视频游戏相比,一个最重要的区别就在于能够为玩家提供及时、绚丽和丰富的反馈,这些反馈可以是画面特效,也可以是音乐音效,也可以是手柄上的震动。

想象在"生化危机"系列游戏(如图1-15所示)中,玩家朝着一个直奔他而来的丧尸开火,僵尸却自始至终没有一点反应,没有血肉飞溅,也没有惨叫声,在最后死亡的时候也不会趴倒,只是简单地在屏幕上消失,这个过程,是否有一种呆板的感觉呢? 玩家这时会不知道是不是打中

图 1-15　"生化危机"

了丧尸,丧尸还需要几枪才能被击毙,如果没有任何反应,玩家也许还会以为这只丧尸是无敌的,但最后还是莫名地消失了。

虽然开枪是玩家的技能,丧尸是挑战,这两个要素都有了,但是,玩家还是会觉得不舒服。究其原因,就在于游戏没有给玩家以及时的反馈。而及时的反馈机制是连接玩家技能与游戏挑战的一座桥梁。通俗地说,就是玩家做出的行为作用于游戏时游戏反馈给玩家的提示。比如,当你朝着丧尸开枪,伴随着机关枪不绝的枪声,它会血肉飞溅,会发出各种惨叫声,会因为子弹的冲击力放慢脚步,同时当它快死亡的时候会缺胳膊少腿,以爬代走,当血量耗尽时会被炸成一堆肉团,当丧尸死后还会获得一些弹药补给或者分数奖励等。可以看出,这个反馈能够及时告诉玩家,他所付出的努力能够得到最及时和最直接的回报,从而更进一步激发他的斗志。事实证明,好的游戏反馈能够给玩家带来更多的快感和成就感,其实也是玩家能够继续玩下去的动力。

在 *Rules of Play Game Design Fundamentals* 中，Katie Salen 和 Eric Zimmerman 提出了一种提高玩家体验质量的方法，该方法是由输入、输出与玩家内心决策所构成的一个循环系统，也被称为**反馈循环**。该系统可以很好地说明游戏反馈机制在游戏过程中的作用。

玩家在面对一个挑战时，首先对当前的状态进行预判断，接着采取一定的行为动作或使用某种技能（输入）来应对当前的情况，然后游戏会对玩家所做出的判断和行为给出明确的反馈（输出），最后玩家再通过该反馈对反馈和情况进行下一个预判断。他们认为一个反馈是否合理是否精彩，能够在很大程度上影响玩家的进一步决策和继续玩下去的动力，这也是衡量一个游戏是否有足够好的用户体验的标准之一，如图 1-16 所示。

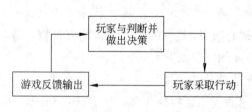

图 1-16    由输入、输出与玩家内心决策所构成的一个循环系统

所以说**游戏挑战（障碍）、玩家动作（技能）以及它们之间相互作用所发生的反馈机制构成了游戏可玩性**。这三者可谓缺一不可，相辅相成。缺少其中一项，就会让游戏变得不完整。

在前面探讨桌面游戏的时候，总结出游戏的基本组成要素是：**游戏规则、游戏表现、胜利条件和失败条件，玩家行为以及玩家所面临的冲突**。其中，玩家行为可以等价于玩家技能，玩家所面临的冲突可以等价于游戏挑战，游戏规则是用于限定玩家在克服挑战的过程中所能使用的技能来合理利用游戏中有限的资源进行游戏，同时，这里把胜利条件和失败条件、任务目标也合并到游戏规则中。还有游戏表现，随着计算机输出设备的发展，如显示屏、音响等多媒体技术设备的发展，都为游戏提供了更多身临其境的表现方式，同时也为玩家提供了更多及时的反馈效果。

本书认为，在设计一个数字游戏时需要考虑的基本核心内容是**游戏规则（包括玩家以及限定玩家行为、任务目标、胜利条件与失败条件、冲突、奖励惩罚机制和游戏资源），游戏可玩性（游戏挑战障碍、玩家行为技能、反馈机制）以及游戏表现（内容故事、画面、声音）**。

## 1.1.5    核心体验与游戏主题——游戏的中心思想

视频游戏有别于其他采用被动接受的艺术形式（如绘画、小说、电影等），就在于其具有交互性，这种形式的最大优点在于能够让玩家主动地参与到游戏作品当中来。最明显的一种感受是当你在看过一部由游戏改编而成的电影之后，会感觉与真正玩这个游戏对比起来似乎缺少一些什么。

数字游戏的技术正在不断地发展，有一天你的 360°视线内会都是以假乱真的游戏场景而不是一个四四方方的屏幕，你的耳边会时不时从远处传来怪物咆哮的声音，当你路过一个被废弃的城市时会闻到一股腥臭的味道，你可以脱离键盘鼠标，就像"阿凡达"一样，用你自己的身体控制着你的游戏角色，当你受到敌人的攻击时，身体会感觉到微微的疼痛,该游戏是多么有代入感呀!当然,目前的游戏要达到这个水平的体验还需要有一段很长的道路要走。但是,以上已经有一些技术已经逐渐成熟,比如全景虚拟镜头 Oculus、体感技术等。这些技术,都是以提高玩家体验为目的。那么什么是玩家体验?

对于什么是玩家的游戏体验,也跟游戏一样并没有一个确切的定义。从某个角度来说,在玩游戏的时候就是在体验游戏,这些体验可以通过视觉、听觉、嗅觉和味觉等感官去感受;当你在游戏中遇到危险时身体不由自主地跟着摆动;感受着游戏给你带来的各种情绪波动,体验经过深思熟虑之后做出决策的满足感,或者无暇思考而需要快速反应的抽搐感,甚至能够通过网络与其他玩家进行交流等。正是这些游戏体验,使得玩家能够沉浸在游戏中,把自己当成游戏的一部分。

那么游戏核心体验是什么? 核心体验也就是阐述一个游戏到底要给玩家带来什么样的感觉。比如该游戏是关于抢夺地盘、空间推理、生存、破坏、竞速还是收集等①。同时,核心体验往往能够确定一款游戏的类型。而且**一个游戏的核心体验决定了你的游戏是"要让你的玩家体验到什么"的问题**,这可以帮助设计师裁除掉不相关的内容,可以把游戏想得再简单一些,而且能够帮助设计师认清该游戏的本质,从而设计师在设计游戏的时候不至于成为无头苍蝇。在游戏的所有组成元素中,都必须始终围绕这个核心体验展开,包括游戏规则、挑战、玩家技能、反馈机制以及游戏表现等。

除了游戏体验之外,还有一个称为游戏主题的概念。游戏主题,就是一个游戏是讲什么内容的,或者是该游戏的世界观,比如"超级玛丽"讲的是在童话故事中一个叫作马里奥的水管修理工为拯救被怪兽绑架的公主而经历的一段冒险经历。**也就是说,游戏主题是确定该游戏是"关于什么的"或者"讲什么的"**,它可以包括该游戏内容所展开的大环境,如在三国或者未来世界,是关于某一个王子的冒险故事还是其他,它确定了这个游戏情节的中心思想。只要确定了主题和核心体验,那么所有的内容也要围绕着这两者展开。

有人说,创建一个游戏需要先从一个游戏的主题开始。就像写文章一样,必须先有中心思想,才能使文章不会跑题。这个方法没错,但是有些设计师过于注重主题而忽略了游戏体验。因为游戏生来就是为了让玩家感受游戏所带来的各种各样的体验。核心体验,也是所有游戏的唯一所向②。核心体验也是游戏的中心思想,是设计师想要传达给玩家的最核心的东西。那么核心体验就比游戏主题重要吗? 不是的。

在设计游戏的过程中,核心体验和主题同等重要。而且有时候同样的主题可以有不同的核心体验,比如"超级玛丽"系列游戏,有的是冒险类有的却是竞速类的;而有些具有同样的核心体验但是却有不同的游戏主题,比如"恐龙快打"和"双截龙"等,都是动作类游戏。当然一个游戏可以没有游戏主题,但是不能没有核心体验。如"俄罗斯方块",虽然没有明确的主题,但却有明确的核心体验。再者,游戏设计师总是梦想着在游戏中加入更多

---

①　在 *Challenges for Game Designers* 中,作者列举了一些其他的核心体验,如领地占领、预测、空间推理、生存、毁灭、构造、收集、追逐或躲避、交易和竞速到底等。

②　Brenda Brathwaite,Ian Schreiber. Challenges for Game Designers. 北京:机械工业出版社.

的故事元素,由于计算机画面绘制能力、声音播放质量、游戏设计工具等技术的不断提高,游戏设计师的梦想现在也逐渐变成现实,这也为提高游戏主题的地位起到不可忽视的作用。比如"古墓丽影"、"波斯王子"、"合金装备"、"美国末日"等大型游戏,能够很好地把游戏体验与游戏主题结合得天衣无缝。

下面以"刺客信条4——黑旗"为例。该游戏的核心体验是能让玩家体验充当一名海盗和刺客的刺激。而主题是围绕加勒比海盗展开:在1715年左右,由于当时欧洲政府独权统治,导致海盗盛行。这期间出现了一些非常著名的海盗人物,游戏的主角爱德华就是在这种环境下诞生的。

确定了核心体验和主题,那么就要收集和筛选作为一名刺客可以为玩家带来什么体验,作为一名海盗又能给玩家带来什么体验?比如刺客最核心的行为就是暗杀、窃听、跟踪、追随等,而作为海盗就是掠夺船只、寻找宝藏、占地为王等。这些都是围绕着游戏的核心体验展开,也暗示着玩家能够在游戏中体验到的过程。

接下来对这些内容进行细化,如暗杀可以有什么方式,哪些方式让玩家感觉比较有趣,如高空跃下暗杀能够让玩家体验到作为刺客在行刺过程中的居高临下的刺激感。同时,在设定这些体验的过程中,游戏也会使用游戏规则来限定玩家的技能,如玩家在窃听的过程中必须紧紧跟随而不能远离窃听对象太远又不能被敌人发现,同时,掠夺敌人船只可以获得一定的奖励,而这些奖励能够用于购买武器,升级改装自己的海盗船。当然,在这个游戏中,一个最大的卖点便是它的画面效果以及较高的自由度(称为沙盒游戏),精美的场景,柔和的光影以及强力的动态天气和逼真的水体模拟,应景的音乐音效,当然还有引人入胜的故事情节,都充分地表达出一个欧洲中世纪风格的游戏世界,如图1-17所示。

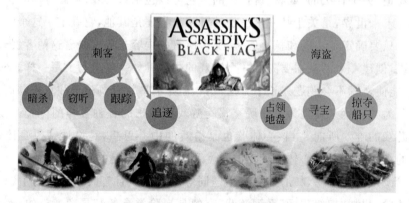

图 1-17  "刺客信条 4—黑旗"

## 1.2  人的游戏需求

亚里士多德认为:"休闲比工作更为可取,实际上它是一切工作的目的。"赫伊津哈在《游戏的人:文化中游戏成分的研究》中得出了一个权威性的结论:"初始阶段的文明是游戏的文明"。在王世颖的《人本游戏》一书中围绕着"人生本来就是游戏"这一概念展开。著名游戏设计师及游戏机制专家 Chris Bennett 曾表示"触动人们的基本欲望可令人产生投入性,这就是所谓的强制循环,它们会让我们重复去做某事。"在生理学和心理学领域中,对游戏的诠释甚至倾向于:

(1) 游戏是过剩生命力的释放;

(2) 游戏是幼龄动物为准备对付生活而进行的训练;

(3) 游戏是身心放松和宣泄的"需求";

(4) 游戏是一种虚拟动作,旨在维持个人价值的某种情感。

从以上论断可以认为,游戏是人的本性,也是人类发展过程中不可或缺的一个环节。

## 1.2.1  马斯洛层次理论在游戏中的作用

心理学家弗洛伊德认为每个人心中都有一种"死亡愿望",这种死亡愿望具有力量,而且这种力量是具有破坏性的。同时他还认为这种破坏性的力量不能完全囚禁于个体身上。也就是说,破坏性的力量应该得到某种释放。事实上,弗洛伊德认为控制这种能量是不健康的;如果侵犯性不在某种方式上直接或者间接地得到释放就会导致疾病。如果这些能量被压制太久时就可能冲破压制导致反社会行为,或者可能的第二种后果是个体的防御机制会越来越极端,甚至导致孤僻症。

玩家作为一个具有七情六欲的个体,在无意识深处存在一定强度的感情欲望,这种感情欲望作为一种动态结构,总是要求得到满足和释放。而人的欲望一旦得到满足,紧张情绪就能得以释放,身体就会进入和谐状态,从而人的感官也会随之进入全面愉悦阶段。这就是人的精神心理的"愉悦原则"。现实生活的社会形态或多或少地对观众欲望加以限制,这种限制服从了历史的要求,在一定时期迎合了发展的必然,任何人都无法挣脱,这就是心理学上的"现实原则"。不过,游戏的出现让两种矛盾得到中和。游戏可以让观众在影片中尽情地释放被压抑被约束的感性,从而获得精神的满足。[①]

释放可以通过将能量向外转移到环境中的物或人来完成。如果这种能量以原始形式释放,将导致对人和财产的直接破坏。由于社会的限制,常见的释放方式是以其他办法代替直接的释放。[②] 如果在社会中有某种无害的实物能够为人提供这种能量的释放,那么以上两个问题可以减轻很多。而视频游戏刚好给人们提供了一种强有力的发泄手段。

游戏,完全可以驾驭人类爱玩的天性,它的诞生是人类生理和心理的需要。随着社会的进步,人类已经不用再像先前一样需要每天为填饱肚子而到处觅食,也不用冒着生命危险在丛林中狩猎、躲避动物的袭击,也不用因为部落之间为了地盘而争斗,但是这些生存技能的基因还留存在人类身体里。直到现在,人类内心当中还有一种冲动,因为社会的限制和环境的原因,这些内心的冲动需要通过以其他的方式进行宣泄,而最直接的方式就是

---

① 摘自《电影的观影心理分析》。

② 【美】Robert D Nye. 三种心理学,第六版. 石林,袁坤译. 北京:中国轻工业出版社.

游戏,而视频游戏更是让人们能够全身心地投入到这个虚拟的环境中,让人们更充分地发泄出心中的冲动,也是一种压力的释放。那么"好玩"的游戏为什么会吸引人呢?人们想从视频游戏中得到什么满足呢?

在马斯洛的"需求层次论"(也称为"人类动机理论")中,可以得到一些解答。

马斯洛把人类的需求分为生理需求、安全需求、社会需求(或称为爱和归属感)、尊重和自我实现5个级别。这5个层次自低到高排列,

只有当人的某一级的需要得到最低限度满足后,才会寻求他们更高层次的需求和渴望。他认为这种层级是推动和激励人类进步的内在动力,只有未满足需求能够影响行为,已经满足的就不能作为激励工具。这也为创建黏性高,有吸引力的游戏体验提供了更有利的理论基础,如图1-18所示。

图1-18  马斯洛的"需求层次论"

马斯洛的需求层次理论认为,人们做出的大多数行为都是为了满足当前阶段需求的目的,这些层次需求激励和推动着人们为追求某个阶段的满足而做出各种行为,它是人类各种行为的动机。

有一个现象,称为"情感转移",当玩家沉浸在游戏当中成为游戏中的一部分、一个角色时,玩家会觉得玩家控制的角色化身就是玩家自己,玩家的意识可以转移到角色化身的"意识"上,角色的情感也可以转移到玩家身上,同样也会让这个角色满足现实条件中的各种层次需求,并把这些感受反馈给玩家。那么人们在玩游戏的时候也期望他的化身能由高到低、逐个层次地满足需求。

### 1. 生理需求

生理需求是指与维持个体生存与发展相关的最原始最基本的需求,也是推动人类行动的首要动力,如食物、水、呼吸、睡眠、分泌、生理平衡、性等。如果以上需求(性除外)任何一项得不到满足,人类生理机能便无法正常工作,甚至生命会受到威胁。一个人在饥饿时是不会对其他任何事物产生兴趣的,只有当这一层次满足了生存需要之后,其他更高层次的需求才会成为新的激励机制,同时这个层次的需求也不再成为激励因素。

简单地说,人类首先需要解决生存问题,虽然游戏中角色的生理需求一般不会跟现实中的人类的生理需求一样重要,但练习如何掌握游戏玩法则可以作为玩家在游戏中的生存需求。一般来说,玩家第一次进入游戏时,最重要的一步便是练习和掌握游戏规则和玩法,从而能够在游戏中得到继续生存下去的机会。

### 2. 安全需求

当个体满足了生理需求之后,便开始寻求安全、稳定、保障和秩序。在这个阶段人类开始寻求以下需求:人身安全、健康保障、道德保障、家庭保障、工作职位保障、资源和财

产安全。当人们的生理得到满足之后便开始更加渴望安全,并都会具有安全感、自由与防御的欲望。

在游戏中,玩家也会出于本能而保护自己,使生存不受威胁,或者说规避、排除会威胁到生存的要素,如当一个 NPC 朝着你开枪时,你会不自觉地躲闪并寻找机会击败这个NPC。在很多游戏中,都会包含生存与死亡的元素,从而激发人类原始的规避本能。一个游戏为了激发玩家的斗志,时常会把玩家置于危险的边缘,以促使玩家更加专注于游戏。

在游戏中,安全需求可以是生命安全,也可以是所得物(如道具、装备、财物)的安全。利用安全需求缺乏或受威胁等作为刺激要素,可以让玩家主动采取某些行为。如让玩家身处时刻会有丢失生命和掉落装备的危险环境中,这样能让玩家更积极地面对挑战。同时,也需要让玩家在遇到威胁时,能够以合适的行为来排除这些威胁。也就是说,这些威胁(障碍、挑战)对于玩家当前的技能水平来说不能太难。因此,游戏的难度曲线要循序渐进。同时,为了让玩家能够更快地适应游戏,游戏在设计中可以加入“安全时间”作为缓冲时间,在这个时间段内,玩家不会面临威胁或者只面临较容易解决的障碍,从而让玩家有时间来学习和适应游戏的基本操作,保证玩家在面对挑战时不至于手忙脚乱,让玩家逐渐进入“心流”,这也是为玩家提供安全感的方法。比如“超级马里奥”,在每一关的开头,都会有 3s(马里奥从出生点走到遇到第一个挑战的时间)的“安全时间”。在这个时间段内,玩家可以熟悉角色移动和跳跃的操作,或者可以缓解上一关当中的紧张情绪。

### 3. 社交需求

人类的生理需求和安全需求被满足之后,便开始凸显出社交的需要,也就是情感和归属的需要,如友情、爱情和性亲密等。感情上的需要比生理上的需要更加细致。而且它和每个人的生理特征、经历、教育、信仰等都有关系。它使得人渴望得到家庭、集体、朋友和同事的信任和爱护。该阶段的需求主要表现为追求归属感、社交欲望以及情感欲望。也就是渴望成为集体中的一员,可以互相理解、互相信任、相互沟通、互相帮助。

游戏,天生便具有社交性,如中国的“捶丸”、“马球”、“蹴鞠”等,少则需要两个人,多则二十几个。还有“象棋”、“围棋”、“卡牌”等,这些游戏除了具有对抗性外,更多的是增进感情,满足人们社交的一种需要。回想第一个真正意义上的视频游戏“太空大战”(Space War),也可以进行多人玩家对抗,也因为此,设计者还举办了多次游戏大赛。后来的街机游戏,则加入了分数排行榜机制,使得更多的玩家能够与更多素不相识的玩家一比高低。在后来的家用游戏机中,更加倾向于家庭成员之间的沟通与互动,比如任天堂在设计 Wii游戏机的时候,其理念是让所有家庭成员都喜欢。这也使得它在数次倾向于强调游戏机性能的竞争失败后转败为胜。

网络技术的提高和网络资费的下降,更是促进了网络游戏的发展,而网络游戏给玩家带来的最大需求便是社交需求。知名认知心理学家韦纳认为:幸福最大的来源是其他人。也就是说,幸福的最大来源不是金钱,而是一种人与人之间的关联程度。网络游戏给玩家提供了更加广泛的社交平台,玩家在游戏中可以互相交流,可以组队打怪。更重要的是玩家在游戏中感到更有存在感,即使在此时此刻其他玩家在你周围,但并没有与你互动,或者你可以只是在游戏里瞎逛,看看其他玩家在做什么,看看他们的任务等,这个时候你并不会感到孤独,这便是网络游戏带给玩家最实际的需求满足。这种现象被称为"社会临场感",指的是与其他人共享空间的一种感觉。斯坦福大学波洛阿尔研究中心的团队将这种现象称为"一起各自玩"(playing alone together);因此,为网络游戏提供社交功能,不一定非得给玩家各种合作任务或者团战,而是要让玩家感觉到在这个游戏环境中独处也能感受到有其他玩家的陪伴。一些沉迷于游戏的玩家,也是因为在现实社会中得不到充足的社交需求的满足,那么只能逃避到游戏中。这应该不是游戏的问题,而是现实的问题。

### 4. 尊重需求

该层次的需求既包括对成就或自我价值的个人感觉,也包括他人对自己的认可与尊重。即分为内部尊重与外部尊重。这种需求的满足,会使得人充满幸福感和愉悦感,对这个层面的追求可以使人更加充满斗志,令人具有持久的战斗力。

在尊重当中,有一点非常重要,就是相互认同感。在网络游戏中,因为玩家之间具有相同或者相似的游戏目标,因此玩家可以更加充分地感受到其他玩家所带来的认同与理解。在你获得理解的同时,当你取得成就时也会得到他人的赞赏,而当其他人获得成就时,你也会体会到敬佩别人的乐趣。除了玩家与玩家之间的尊重,同样重要的是游戏本身给予玩家的各种肯定。当这种尊重被满足时,便可以激发玩家更加持久的战斗力,从而提高游戏的黏性[①]。

### 5. 自我实现需求

在这个层次的人,正处于自我实现和发挥潜能的阶段。解决问题能力增强,自觉性提高,善于独立行事,要求不被打扰。这个阶段激励他在工作中运用最富于创造性和建设性的技巧。达到自我实现需求的人,可以接受自己也接受别人,也就是更加平易近人。马斯洛认为,在这个过程中,人类产生出"高峰体验"的情感,是人存在最佳、最完美、最和谐的状态。但如果过分由自我实现需求支配的人,有可能会自觉或不自觉地放弃满足较低层次的需求,这也可以说明有些人为了工作而废寝忘食的原因。同时,在这个阶段人们是很难得到满足的。

自我实现需要充分发挥人的能力。在游戏中,当玩家的级别和技能提高到一定程度时,需要为玩家提供更多具有挑战性,更具有难度的障碍。这样才能刺激该阶段的玩家发挥更高的潜能。在这个阶段的玩家,时常会达到"忘我"的状态,这个时候所克服的障碍,可以使玩家产生更高的自豪感。这也说明为什么一般闯关类的游戏在每一关的最后或者

---

① 玩家能够重复玩这个游戏的次数或者时间,可以用于反映一个游戏对玩家的吸引力。

最后一关都会设置 Boss(每一关中最难克服的障碍)来挑战玩家的原因之一。

　　马斯洛的需求层次理论,主要作用在于激励玩家更多地参与到游戏中。每一个层次的需求玩家都会尽可能地来满足,当游戏进行到一定时间时,玩家的某一个层次已经基本被满足之后,玩家便开始追求下一个层次的需求。那么作为游戏设计者需要根据玩家当前的层次需求来进行相应的设计。

## 1.2.2　视频游戏能够为玩家带来的体验乐趣

　　玩家希望在游戏中能够满足他当前游戏状态中的需求,那么游戏是通过什么方式来让玩家体验游戏所带来的满足感的? 在游戏中,玩家会采取某些行为来参与游戏,总结归类可以有以下几种。

### 1. 求生

　　生存是人类最基本的需求,求生是人的本能。在游戏世界中也不例外。生存、求生是很多游戏的核心。这样能够让玩家出于本能而保护自己(游戏化身)。游戏当中让玩家时刻保持在生存受威胁的环境中,可以起到"置之死地而后生"的效果。关于生存相关的元素,可以是该游戏的核心体验,也可以是辅助其他核心元素的次要体验。

### 2. 建造、排列

　　人类为了遮风挡雨、躲避敌害,本能地为自己建造可以容身的避难所。因此人类也具有建造欲望的天性。建造,狭义上主要指建筑物,而广义上来说还包括其他方面的发展,如角色的经验、等级等。模拟类游戏如"模拟城市"、"模拟人生"、"卡坦岛"等以"建造"为核心体验的游戏让玩家沉浸在建造城池、培养人生等玩法中。在建造的过程当中,人们还需要运用到自己的空间推理能力,因为只有这样才能使得建造出来的东西更可靠。人类天生的空间推理能力也被很好地运用到游戏设计当中,比如知名的"俄罗斯方块"、"井字棋"、"五子棋"都需要玩家具有一定的空间推理能力。

### 3. 破坏

　　弗洛伊德认为人类的内心具有一种破坏的力量,它是人类的一种天性,如果这种力量得不到有效的发泄,人的心理甚至是所处的社会都会出现问题。在现实生活中,要宣泄这种破坏的力量其代价或者成本会非常高,而视频游戏为人们提供了无代价的破坏宣泄手段,从行为、视觉和音效等方面刺激人的感官,如"爆破人"、"水果忍者"、"战争机器"、CS等。一个游戏中或多或少都会加入破坏的元素,从而让它更能吸引玩家。研究表明,人们找到合适的破坏力量宣泄方法,可以放松心情,减少对社会的反作用。

### 4. 收集

　　在远古时代,人类把采集到的各种食物如植物类食物和肉类食物,还有哪些食物是适合长时间存放的,哪些应该马上吃掉的,都会分门别类地加以整理,把不同的食物分开,把相同的食物放在一起。这个行为还保留到现在。人们都会自觉或者不自觉地对物体进行区分和配对。如"对对碰"、"钻石迷阵"等消除类游戏就是非常明显地利用了人们对相同物体进行配对的本能。而其他游戏中,如"超级马里奥"收集金币,"仙剑奇侠传"里收集各种药材等,无不运用了人类的这个天性。

### 5. 追逐、躲避

人类生来就有追逐的欲望。因为古人类需要大量地奔跑,要不需要抓捕猎物,要不就是要躲避食肉动物。回想小时候,是不是非常喜欢玩"追逐",这就是一种练习追逐与躲避的游戏。因此,很多视频游戏也以此作为核心体验而获得成功,如"神庙逃亡"(Temple Run)、"吃豆人"(Pacman)、"逃生"(Outlet)等都是因让玩家体验到强烈的追逐感和逃避感而大受欢迎。

### 6. 竞速

人类大脑的潜意识中会认为更快的便是更好的,因此人类总会试着把事情做得更快一些。所以在人类历史上出现了大量有关于竞速方面的游戏,如赛跑,就是运动员之间速度的较量。如最早的棋盘游戏 senet、"乌尔皇室游戏",还有后来的"双陆棋"、"飞行棋",也是看谁的棋子最先到达终点。竞速,除了时间上的范畴之外,还可以包括角色等级、分数高低等其他方面的对比。

### 7. 地盘保护、争夺

地盘是人类生存生活的最基本栖息地,而地盘里的各种资源,如食物、矿藏等更是人类得以持续发展的保障。因此,保护地盘不受侵犯也是人类基本的生存技能。当某一族群所在的地盘资源比较缺乏,或者资源已经不能维系本族的发展时,便可能会引发争夺其他种族地盘的行为。而后来逐渐地提升到国家、政权等更大的范围上的保护和争夺上。在游戏中,地盘除了可以指土地、食物资源等,还可以指当前所拥有的物品,如装备、名誉等。这种带有强烈攻防色彩的元素在游戏中更是屡试不爽,比如即时战略类的"帝国时代"、"星际争霸"等,都是以该元素作为核心主题。

### 8. 交易、合作

人类并不是说必须动用武力手段对其他种族进行争夺才能获得需要的资源,而大多数情况下是以交易的方式来进行宗族间的资源交换,从而达成互惠共赢的目的。并不是所有的游戏都具有竞争性,有些游戏需要玩家与玩家之间相互合作,比如"卡坦岛",就要求玩家要有高超的交易能力,而"魔兽世界"则要求玩家合力来完成任务,还有"小小大星球"则要求玩家之间彼此协作才能过关等。在交易与合作当中,必须有交流的过程,因此,这种机制也加强了玩家与玩家之间的沟通。

### 9．故事与情感代入

故事，是人类记忆和文化得以传承的最重要的工具之一，从刚开始以口口相传，到后来使用纸张文字、广播、电视、电影进行传播，故事的载体不断发展。电子游戏刚出现的时候，由于技术的限制，讲故事的功能不能很好地发挥出来，但依目前技术的发展水平，在视频游戏中融入丰富的故事情节已经不再是问题了。无论一个游戏是否具有故事情节，玩家在投入到游戏中时一般都会带有情感，他会把自己想象成游戏中的角色，与他们共欢喜共悲伤。甚至有的玩家玩这款游戏只是想体验它里边跌宕起伏的故事情节，最典型的例子应该是"仙剑奇侠传"系列。很多玩家（尤其是女性玩家）为了能够更直接地体验李逍遥的故事，甚至动用了作弊器把角色的生命值和力量改成无限。

### 10．未知、预测与探索

人们对未知的未来总是有一种莫名的恐惧感，所以渴望尽早地预测它，以预先了解事情发展的过程与结果。在游戏中，运用未知与预测的功效，能够激发玩家对游戏的探索欲望，使游戏更加充满悬念和紧张感。而有的游戏就是以预测作为游戏的玩法，比如"轮盘赌"、"押大小"、"石头剪子布"等基于偶然性预测的赌博类游戏。在这类游戏中，玩家所做出的判断依据一般不是靠能力，也是没有任何道理的，但一旦赢得一局游戏，玩家自己便会认为自己的能力高于他人。

### 11．能力挑战

在很多游戏中，都包含能力挑战的元素。能力挑战在游戏中主要以谜题的形式出现，其中关于智力、眼力和反应能力的挑战占大多数，比如"推箱子"、"拼图"、"翻牌配对"、"密室逃脱"等。人在潜意识中都会有一种不服输的心理。设计一些能够挑战人的能力的玩法，更能激发玩家的斗志。有一些挑战能够令玩家废寝忘食，直到把问题解开。

以上 11 种方式是一个游戏最常用的**核心体验**类型。核心体验，是说明该游戏是想让玩家体验到什么的一个概念。玩家玩游戏，无外乎就是体验以上几种方式所带来的快感。在设计一款游戏的时候，有意识地思考该游戏是关于什么的，可以让游戏设计起来目标更加明确，思路更加清晰。例如，一款关于追逐的游戏，那么就要从各个角度去挖掘如何让玩家体验到追逐所带来的快感。一个游戏除了具有核心体验之外，还可以包括其他的次要体验来作为核心体验的支撑，比如在一个追逐类的游戏中，该游戏的核心体验是追逐，而在追逐的过程中玩家还可以收集硬币，躲避障碍，甚至加入故事情节等。

核心体验是一个游戏的体验中心，相当于电影或者文章的中心思想一样。如果这个游戏是有故事的，那么它也具有主题。一个游戏是先有主题还是先有核心体验，以哪个作为中心，这需要根据实际情况来定。比如现在有一个关于铁路主题的游戏想法，那么可以考虑使用哪些核心体验和玩法作为该主题的支撑，像建造、交易与合作等都可以成为突出该主题的核心体验。而有的游戏可能没有游戏主题，而只有核心体验，比如"俄罗斯方块"，它并没有故事情节，但它把"空间推理"和"建造"的核心体验表现得淋漓尽致[①]。如"口袋妖怪"的设计师田尻智解释道："吃豆人"是围绕"吃"这个动作设计的，而"口袋妖怪"则是"驯服"。与此类似，马里奥当然是"跳"。

# 小结

　　本章首先从理论出发探讨游戏的基本组成要素。在本书中，从游戏设计师的角度出发总结游戏的基本核心要素是**游戏规则（包括胜利条件与失败条件、任务目标和游戏内对象之间的关联）**，**游戏可玩性（游戏挑战障碍、玩家行为技能、反馈机制）**以及**游戏表现（内容、画面、声音）**。在以上的描述中，特别强调了游戏规则、游戏可玩性两个方面，因为这两个方面是所有数字游戏必须具有的而且也是最为重要的基础要素。其中，游戏规则使得整个游戏有章可循，印证了"有约束才有自由"这句话。游戏可玩性是能够使得玩家产生"心流"和"自豪感"的源泉，而这两者是玩家沉迷于游戏的成因之一。

　　接着探讨了游戏核心体验与游戏主题之间的关系。游戏核心体验是"游戏想要让玩家感受到什么"的设计，游戏主题是"游戏是关于什么"的设计。随着游戏表现技术和方式的日益提高，游戏主题在游戏中的作用越来越高，甚至与游戏体验处于同等重要的地位。

　　最后简单介绍了游戏的发展历史，了解这些历史，可以为设计提供更多的参考。

# 作业

　　1. 查阅 E. M Avedon 的 *The Structural Elements of Games*，翻译成中文并谈谈对构成游戏的基本要素的看法。

　　2. 阅读 Raph Koster 的 *Theory of Fun for Game Design*，了解作者如何分析游戏的快乐源泉。

　　3. 阅读 Hunicke，Robin；LeBlanc，Marc；Zubek，Robert 的 *MDA：A Formal Approach to Game Design and Game Research* 以及 Gallant，Matthew 的 *Mechanics，Dynamics & Aesthetics*，了解 MDA 的设计方法。

　　4. 试玩桌游"现代艺术"和"卡坦岛"，感受这两款游戏的玩法，并说明为什么会受到玩家喜爱。同时尝试用自己的语言反推出这两款游戏的策划方案。格式不受限制，只要求条理清晰。

　　5. 了解桌游"龙与地下城"的玩法，感受这款游戏的迷人之处。

　　6. 你最喜欢的数字游戏（视频游戏）是什么类型的？请说明理由。

---

　　① "俄罗斯方块"（Teris）的作者俄罗斯数学家帕基特诺夫酷爱拼图，他在设计这款游戏的时候虽然没有明确地确定核心体验，只是说从拼图游戏中得到灵感而设计出来的，但他在设计之初肯定会先确定这个游戏是关于什么的想法，这其实就是一种核心体验的确定。

7. 请尝试列举出任天堂红白机的"超级玛丽奥"第一代包含的玩家技能、挑战和反馈机制。

8. 谈谈"植物大战僵尸"游戏的反馈机制。

9. 请尝试把"水果忍者"这款游戏的所有反馈机制都列举出来。

10. 你能否设计一款只有核心体验，但没有主题的游戏？

11. 在不修改 chuters and ladders 这个游戏的游戏规则的前提下修改它的其他元素，使它成为一个新游戏。

12. 马斯洛的层次需求理论是什么？ 如何把它们运用到游戏中？

13. 以"跳"为核心体验设计一个游戏。

14. 玩家在游戏中希望体验到的是什么？ 作为游戏设计者，如何满足玩家的这些需求？

# 第 2 章
# 视频游戏的发展简史

游戏,并不是人类的特有行为。据研究表明,多数哺乳动物无论老幼雌雄都具有游戏行为。科学家们认为,年幼的动物在玩耍时,可能会互相追逐、互相撕咬、互相打闹,这些都是在训练自己独立之后的捕猎和防御等生存技能。同样,早期的人类也不例外,人类的游戏行为最早也是为了训练生存技能、选择部落领袖等目的而进行的。也就是说,游戏的本质是一种严肃的教育行为。

至今为止,没有人知道人类何时开始具有游戏行为,第一个游戏是什么,也没有任何确切的证据表明现有的出土文物是最早的游戏原型。当然因为受到当时生产力低下的影响,人类在游戏时都是以"肉搏"等野蛮的方式为主,而没有其他游戏道具作为辅助。

随着人类社会的发展,人类社会中出现了一部分不用亲自打猎的贵族和统治阶级,他们有许多的闲暇时间,因此他们发明了各种东西来打发这些空闲时间,这些东西中就包括游戏。游戏也慢慢地脱离它原本的训练意义,成为一种消磨时间的工具。同时人们也开始使用各种材料来制作游戏的辅助工具,比如棋盘、棋子等。而棋类是一种智力活动,对人的思维要求比较高,棋类的出现,标志着人类开始有了较高层次的智慧,从"体力"走向"智力"的游戏发展,是人类文明发展的一个里程碑。

## 2.1 经典古代游戏

目前被公认的最早的桌面游戏可以追溯到公元前 3100 年左右。该游戏所使用的工具最早是在图坦克哈门王的墓穴中发现的。该游戏是由棋盘和棋子组成,考古学家把这种游戏称为 Senet[①],他们认为这是一种类似于跳棋的棋类游戏,如图 2-1 所示。

该游戏由一个棋盘,4~6 个棋子以及 4 根抛棍组成。棋盘共有 30 个格子,被分成三排,每排 10 格,其中的一些空格有特殊标志,可能代表某些特殊的功能。到目前为止,该游戏的原始规则还不能证实,但游戏学家 Timothy Kendall 和 R. C. Bell[②] 分别推测出这个游戏的规则,而且这些规则被很多游戏公司所运用。如 1999 年发布的"古墓丽影:末

---

① Senet 的一种游戏规则:http://www.gamecabinet.com/history/Senet.html。
② Robert Charles Bell,是一位撰写了多部桌面游戏书籍作品的游戏学家,他对传统游戏的推广起到了很大的作用,他的工作使他赢得了 Dorctor's Hobbies Exhibition 的头奖,并在 David Parlett 的 *Oxford History of Board Game* 中被认为是 11 位最重要的游戏来源者之一(principal sources)。

图 2-1　Senet

世启示录"游戏中,在塞米尔卡特古墓关卡里,便嵌入了 Senet 小游戏,角色劳拉如果能够完成该小游戏的话便可以顺利通过,如果失败那么就要花更长的时间来通过关卡。同时,骰子也是最早出现在古埃及的墓壁上[①]。

　　通过考古学家对距今已经有 4000 年历史的苏美尔重要城市乌尔的挖掘,发现了可以追溯到 2600 年前的一种游戏工具[②],这种游戏后来被称为"乌尔皇室游戏"(The Royal Game of Ur)[③]。该游戏在当时涉及地域广泛,从东部地中海到埃及,甚至印度都有发现,而美索不达米亚博弈的一个版本在印度西部港口柯钦的犹太社区中一直流传到现代。该游戏的棋盘由 20 个格子组成,一端有 12 个,另一端为 6 个,这两端通过两个格子连接起来。有 14 个棋子,甲乙方各 7 个,还有三个共有 4 个面的三角形骰子[④]。该游戏与 Senet 游戏一样,由两个玩家共同游戏,一方持 7 个棋子,玩家通过投掷骰子来移动棋子,这个游戏也是一种竞速游戏,如图 2-2 所示。

图 2-2　乌尔王室游戏

　　同样地,该游戏也被广泛地嵌入到现在的游戏作品中,如在第三人称动作冒险游戏"神秘海域 3"中有一个隐藏宝藏,该宝藏只有赢得这个小游戏之后才能获得。同时,根据 Senet 和"乌尔皇室棋"的规则,现在的"飞行棋"(原型应该是古代印度的 Parcheesi 游戏)

---

①　中国最早的骰子出土于山东青州战国齐墓中。

②　也有人认为乌尔皇室棋比 Senet 游戏的历史更悠久。

③　在大英博物馆可以玩到该游戏。http://www.britishmuseum.org/explore/highlights/highlight_objects/me/t/the_royal_game_of_ur.aspx。

④　乌尔皇室棋的一个规则版本 http://mysteriouswritings.com/sacred-shapes-and-the-royal-game-of-ur/。

也与它们的规则相似。

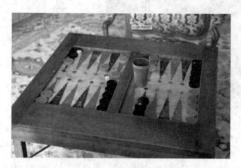

图 2-3　西洋双陆棋

西洋双陆棋,有人说是源于两河流域的美索不达米亚平原,曾在欧洲、中东等一带流行,而古罗马人玩一种叫作"十二条线"的游戏与现在的西洋双陆棋相似,至今大约有 2000～3000 年的历史。该棋是一种两人博弈的棋类游戏,棋子的移动以投掷两枚骰子来决定步数,首先把所有棋子移离棋盘的玩家获得胜利。该游戏的获胜需靠运气和技术的结合。而且该棋的棋盘精美赏心悦目,如图 2-3 所示。该游戏在 11 世纪传到法国时受到赌徒们的喜爱,但却导致路易九世颁布了禁止官员们下双陆棋的禁令。

在古代中国,棋子原先不是作为娱乐之用,而是作为一种占卜天象的工具。古人在地面上绘制天象图以记录天象位置,加上记录天体的点就成了最早的棋盘和棋子雏形。此时这种棋子只有一色。后来,这种占卜工具有了新的用途,部落首领在地上把作战地形绘制在地面上,用不同的石子代表敌我,摆设研究战略。逐渐地,这种工具就演变成一种供人玩乐的游戏,这些就是最初的棋类游戏。

中国设计的棋类游戏有五子棋、围棋、象棋等。

相传五子棋起源于四千多年前的尧舜时期,在上古的神话传说中有"女娲造人,伏羲做棋"一说。五子棋的棋盘的路数在历史进程中不断发展,到现代基本以 15×15 路为标准棋盘。传统五子棋的棋子分为黑白两色,两人对局,各执一色,轮流下子,先将横、竖或斜线的 5 个或 5 个以上同色棋子连成一条线者为胜。该游戏也因为容易上手,老少皆宜,并且乐趣横生而风靡全球,流行至今,如图 2-4 所示。

象棋的起源众说纷纭,最早可以推演到黄帝时期。经过后来的发展,加入了楚汉战争的典故之后,在公元 569 年由北周武帝宇文邕所创立。象棋总共有 32 枚棋子,分为红、黑两色,分别代表两个玩家,玩家在棋盘上操纵各自的棋子以使得对方的"将"棋或"帅"棋被"将死",如图 2-5 所示。

图 2-4　五子棋

图 2-5　古代象棋

在历史的长河中,人们发明出了各种不同游戏,这些游戏的规则流芳百世,堪称经典,而且通常其主题都是抽象的,看上去很简单,但要精通却需花费很长的时间。[①] 这也是这些游戏吸引人的核心所在。

## 2.2　近代商业棋盘游戏

在印刷术和造纸术大规模普及之前,人们通常使用手工的方式来制作游戏道具。直到 19 世纪[②],伴随工业革命的推进,印刷术和造纸术也很快普及起来,从而使得很多游戏道具都可以印刷在卡纸上进行大批量发行,可以表达的内容也更加丰富,从而在游戏中植入更多的主题成为可能。同时很多人从繁重的劳动中解放出来以及教育的普及,人们有更多的时间和能力来玩更加复杂的游戏。为了能在游戏市场上分到一杯羹,一大批公司蜂拥而至纷纷推出各种商业的富含主题内容的桌面棋盘游戏。

在 19 世纪的美国,桌面棋盘游戏的产业最为发达,很多公司都因为几款桌面游戏在商业上的胜利而盆满钵盈。

William 和 Stephen B. Ives 是一对兄弟,他们在 1943 年设计发行了一个简单的路径竞速游戏"幸福的大厦"(The Mansion of Happiness)。该游戏参考了 16 世纪在意大利非常流行的游戏"鹅"(Game of the Goose),如图 2-6、图 2-7 所示。

图 2-6　**Game of the Goose**

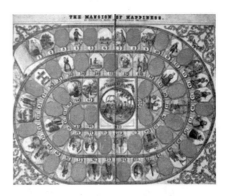

图 2-7　**The Mansion of Happiness**

"幸福的大厦"可以说是"鹅"的换肤版。以"鹅"为例,该游戏的棋盘由一个螺旋形的有连续编号的棋盘格组成,两个玩家通过一个或者两个骰子来决定棋子的移动步数。棋盘的一些格子上画有鹅的图案。更有趣的是,当玩家的棋子走到画有鹅的图案的格子上时可以再往前走相同的距离。如果玩家走到某个标志有小桥的格子中时,玩家可以移动棋子到其他一个特定的地方。还有一些格子可以使得玩家向后退或者失去一或两回合,

---

① 其他桌面游戏的历史介绍见 http://listverse.com/2013/01/20/10-most-important-board-games-in-history/,http://en.wikipedia.org/wiki/Board_game。

② 最早使用印刷术来制作游戏工具的应该是在中国,因为中国人除了发明纸币之外还发明了纸牌游戏。

如果走到一个标有骷髅的格子里时,表示玩家"死亡"而回到起始位置。该游戏的一个最大的优点在于有奖励和惩罚,从而使得游戏可玩性更高。

知名的桌面游戏"游戏人生"(The Checkered Game of Life)由 Milton Bradley 创建的公司①于 1860 年发布,在当时引起了轰动。这个游戏模拟了一个人的一生,从大学到工作、到结婚生子直到最后开心的晚年。该游戏暗示人的一生由机遇和自我选择决定,人在厄运前做出正确选择可以扭转乾坤,而即使好运当头如果判断失误也会使人生走向暗淡。该游戏可以由 2～4 个玩家同时参加,每位玩家持一颗不同颜色的棋子,玩家从棋盘的左下角开始,通过旋转一个转轮来决定移动的个数,谁先到达棋盘右上角的"快乐晚年(Happy Old Age)"格子里谁就赢得游戏。该游戏的棋盘由 8×8 红白相间的棋盘格组成,如图 2-8 所示。

它的可玩性最巧妙的是它的棋盘设计。在红色格子中不代表具体的意义,而白色的格子中写着象征"好的"或者"坏的"的状态,如"诚实"、"毅力"、"失业"、"犯罪"、"贫穷"等。如果玩家的棋子走到好的格子里,可以推进玩家"人生"的进程,如果走到坏的格子里,玩家的"人生"就会被阻挠。在白色的格子中有一个方向,当玩家处在这个格子中时,就需要沿着该格子中所指的方向移动。比如,"毅力"可以帮助你"成功",同时获得 5 个奖励分,而"犯罪"就要把你关到"监狱"并失去一轮行走的机会。随着该游戏的成功,Bradley 再接再厉推出了口袋版的棋盘,让远征的士兵能够随身携带。该游戏玩法有点像"大富翁",而且该游戏也在后来发展成多个版本,甚至有一些视频游戏公司把它转换成数字版本的,如图 2-9 所示。

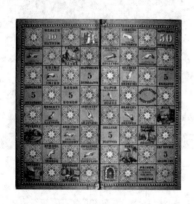

图 2-8 "游戏人生"(The Checkered Game of Life)

图 2-9 "游戏人生"数字版

1934 年,Charles B. Darrow 发明了"地产大亨"(Monopoly)②。刚开始游戏公司Parker Brothers③ 觉得该游戏太过复杂便把它拒之门外。无奈 Darrow 只能自己发行该

---

① 该公司还设计发布了如"梯子和滑梯"(Chutes and Landers)(可能模仿古印度的 SNAKES AND LADDERS)、"糖果世界"(Candyland)等游戏。
② 该游戏也是"大富翁"、"强手"的原型。
③ 该公司还发行过非常有名的桌面游戏 Sorry!、"妙探寻凶"(Clue)以及 Risk 等。

游戏,结果获得了巨大的成功。次年,Parker 公司主动找上门购买了该游戏的发行权并得到空前的市场反响。该游戏可由 2～4 人同时进行,玩家刚开始会得到一定的游戏货币,接着凭借掷骰子来决定前进步数,并由玩家自主决定交易策略,如买地建房炒股经商等来获得收入,最终以资产总数最多者取胜,并按照资产多少进行胜负排名。该游戏由于与现实中的很多内容相符而让玩家能够体验到更多的游戏乐趣,如图 2-10 所示。

图 2-10　"地产大亨"

　　到了 20 世纪,越来越多的桌面游戏涌现出来并成为经典,如 1973 年由 Dave Arneson 和 E. Gary Gygax 共同打造的纸质游戏"龙与地下城"(Dungeous & Dragons),该游戏无须棋子、棋盘和游戏卡,玩家扮演各种不同的角色并能够在一个庞大的魔幻世界中驰骋。在这个游戏中,一个玩家扮演城堡城主,其他玩家通过掷骰子和查阅游戏说明来决定下一步的行动,如开锁、施魔法、越过障碍等。该游戏是被公认的很多现在角色扮演类的鼻祖。

　　1993 年,由美国数学教授 Richard Garfield 设计了风靡全球的集换式对战卡牌游戏——"万智牌",该游戏是同类游戏中最早发明也是最热销的游戏。万智牌有一个特点:卡牌是随机被包装并发行的,玩家在买到卡片包后才能知道里边有什么牌。而且你持有的卡也可以跟其他玩家进行交换,因此叫作"集换"。每张卡上面都画有精美的插画和该插画中所绘角色的描述以及这张牌的力量/防御框等攻防信息。当两个玩家进行游戏时,双方刚开始各有 20 点生命。玩家使用手中的牌来设法使得对方的"生命"值降到 0 或者以下,如图 2-11 所示。

　　2006 年,中国传媒大学游戏设计专业的在校生黄凯[①]设计出了一款后来红遍全国的桌面游戏——"三国杀",该游戏以三国为背景,以身份为线索进行游戏。每位玩家持有代表不同身份的卡牌——主公、反贼、忠臣和内奸。每种身份的玩家其任务目标也不相同,主公和忠臣是剿灭反贼,清除内奸,反贼的任务是推翻主公,而内奸需要先灭除主公之外的其他人物到最后才与主公决一死战。该游戏的标准版共有 160 张卡牌。玩家根据发牌规则拿到起始牌之后便可以以回合制的方式进行对抗。该游戏的游戏牌功能和技能牌比较多,因此更可以增加游戏的可玩性,如图 2-12 所示。

　　从上面的例子可以看出,这些桌面游戏除了具有更加多样的游戏规则,还都嵌入了丰富的主题内容,使得玩家除了感受游戏规则的巧妙之外,也能把自己想象成游戏故事中的一个角色。这也是当今桌面游戏的一大特点。除了以上几款游戏之外,还有非常知名的如"现代艺术"、"卡坦岛"、"富饶之城"、"卡卡颂"、"狼人"、"矮人矿坑"等。虽然这些游戏的规则更加多样,但与经典游戏一样,游戏规则很容易被掌握,但要精通却较为困难。

_____

① 他对桌面游戏非常喜爱,而且喜欢对现有的游戏进行改造。

图 2-11　万智牌

图 2-12　三国杀

## 2.3　视频游戏平台的发展

尽管视频游戏在世界各国有着不同的认识和异议,但不绝于耳的争议声并不能阻碍视频游戏在前沿技术、文化、艺术等的多元结合中飞速发展。从 1951 年世界上第一款电子游戏诞生[①]到现在,也不过短短几十年,与绘画、建筑等艺术形式相比,其历史还不算长。2011 年 5 月 9 日,美国联邦政府下属的美国国家艺术基金会正式宣布"视频游戏是一种艺术形式",电子游戏因此可以与广播、电视等项目一起竞争申请最高 20 万美元的基金赞助。自此以后,越来越多的人开始认同"视频游戏是一种艺术"的观点,进而使得视频游戏成为继绘画、雕塑、建筑、音乐、舞蹈、戏剧、诗歌、电影之后的"第九大艺术"。

从视频游戏的形式来看,第一款以显示屏展现出来的游戏是 1951 年 A. S. Douglas 开发的 OXO(井字棋,Tic-Tac-Toe)[②],该游戏运行在占地 5m×4m 的 EDSAC 上,并在阴极射线管上显示,如图 2-13 所示。

1958 年,美国能源部布鲁克海文国家实验室的负责人 W. Higinbotham 为了打消周围农场主对建在他们家门口的核试验室的顾虑,筹划了一次巡回演说,为增加他们的好感,他和他的同事们开发了一个能在示波器上玩的游戏"双人网球"(Tennis for Two),玩家可以通过操纵控制器来进行对抗。虽然该游戏非常简陋,但这足以让农场主们惊讶不已。一年之后,他把该游戏改造成能够在一个 15 英寸的监视器上显示。而且该游戏没有刻意去申请专利,因此任何人都能使用该概念开发游戏而不用缴纳任何使用费,如图 2-14 所示。

---

① 目前关于第一个视频游戏的诞生时间还有不同的看法。

② 该游戏是 A. S. Douglas 作为完成剑桥大学博士毕业论文的一部分。

图 2-13　运行在 EDSAC 上的 OXO

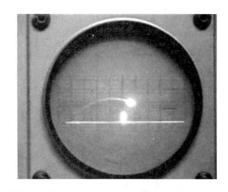

图 2-14　W. Higinbotham 的 Tennis for Two

1962 年,时任麻省理工学院(MIT)的学生 Steve Russell 和他的几位同学共同设计出了一款双人飞行设计游戏——"太空大战"(Space War)。这个游戏通过 PDP-1 计算机的阴极射线射电管显示器显示[①],如图 2-15 所示。该游戏展现给玩家的是一个宇宙空间,在这个空间里,各种物理模拟应有尽有,如引力、加速度、惯性等,使得游戏可玩性大幅上升。玩家使用一对专用的控制器来操纵太空船的左右旋转和攻击,可以使用导弹(不受引力影响,但射程短、威力小)和激光(受重力影响发生偏转,但射程远、威力大)的物体来摧毁对方的太空船,同时要避免撞向星球。该游戏还具有一定的偶然性玩法,如用于逃脱的超高速空间(Hyperspace),不过这些空间出现的地点和概率都是随机的。

图 2-15　运行在 PDP-1 上的"太空大战"(SpaceWar)

从游戏规则上来说,该游戏被人们认为是第一款可交互的视频游戏,可玩性非常强,据说他们还利用该游戏举办过一次 SpaceWar 校园对抗赛。在这之后,该游戏衍生出很多不同的版本,如 SpaceGame 的 1971 年版系列和 ComputerSpace,还有 Cinematronice 在 1977 年发布的 SpaceWars,而且该游戏在商业上取得了成功。目前,由 Alan Kotok 开发的 SpaceWar 版本被广泛作为 Linux 系统的一个演示程序而存在。

以上的游戏基本都只能运行在体积庞大,造价昂贵的原始计算机上,一般只有大学、研究所等大机构才能负担得起。但它们的出现,使得人们认识到计算机也可以用来玩游戏。

20 世纪 60 年代末,一名犹他州立大学的工程专业学生 Nolan Bushnell 在他的学校第一次见识到了"太空游戏"这款游戏。他认为视频游戏进入游戏娱乐厅的时机已经成

① 该计算机可以把 ASCII 文本符号转化为图像显示出来。

熟。于是，他与编程工程师 Ted Dabney 共同成立了 Syzygy Engineering 公司，并开发出一个相对廉价的投币式游戏娱乐厅视频游戏机（街机游戏，英文为 Arcade Ganes）并卖给娱乐厅制造商 Nutting Associates。1971 年，这家公司生产了 1500 台这种游戏机并推向市场，该游戏机的内嵌内容便是 Computer Space。这个游戏的内容与 MIT 的 Space War 如出一辙，但该游戏的显示方式是一台黑白电视机，如图 2-16 所示。考虑到商用需要，采用了投币开始游戏的设置，还区分了单打和双打模式，这些设计在后来的街机中都全部保留了下来，成为后世街机的标准设置。这个游戏机在娱乐厅市场上面世之后却并没有取得成功，因为当时人们玩惯了弹球游戏和空中曲棍球游戏，觉得这个游戏操作太过复杂，不易掌握，所以该游戏机最后只卖出了几台便草草收场。

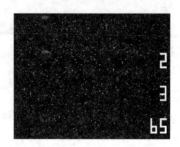

图 2-16　Computer Space

Bushnell 和 Dabney 并没有因为失败而气馁，在第二年，也就是 1972 年，他们成立了一家属于自己的街机视频游戏开发公司，该公司就是知名的雅达利（Atari）。他们吸取了第一次的失败教训，聘请了程序员 Al Alcorn 开发了一款简单乒乓球游戏，也就是人们熟悉的 Pong[①]，如图 2-17 所示。

图 2-17　Pong 游戏机

整个游戏只有两个垂直的棍子和一个球，玩家控制自己的竖板把对方反弹回来的球挡回去。当玩家未能反弹乒乓球，对方就会得到一分。为了测试其他人对该游戏机的看法，他们把原型机放在了一间啤酒吧里。过了两个星期，酒吧的老板说机器坏了让他们赶紧去维修，结果他们发现是游戏机里的硬币盒被塞满了。

因为该游戏简单易学，所以一经推出便迅速在市场上流行起来。不到两年时间，雅达利卖出了"乓"（Pong）游戏机达到了 1 万台，美国几乎每所娱乐厅，都终日响着"Ping"、

---

① 可以在这个网站上找到更多关于 Pong 的信息：http://www.ponggame.org/。

"Pong"的声音。从此,雅达利借助着"乓"(Pong)这个游戏开始了街机游戏的帝国。
1974 年,"苹果创始人"乔布斯加入了雅达利,并在
1976 年与苹果的另一个创办人沃兹尼克设计开发了
经典的打砖块游戏 Breakout,如图 2-18 所示。

图 2-18　Atari 的 Breakout

　　Pong 发行的同年,波士顿大学的学生 Willian
Crowther[①] 用 FORTRAN 语言在他学校的大型计算
机上编写了第一款文本冒险游戏"洞穴深处的探秘"
(Colossal Cave Adventure)[②]。这个游戏以位于美国
中东部肯塔基州的猛犸洞[③](Mammoth Cave)的旁边
的一个连洞 Bedquilt 和 Colossal 为参考,游戏里边的洞穴分支基本上都忠实于原型。所
以很多玩过该游戏的玩家在 Bedquilt 探险时都能够很快熟悉这个洞穴。这个游戏以文本
的方式给玩家提示游戏环境,玩家根据游戏里给出的信息进行判断选择,接着游戏按照玩
家的选择让游戏进行下去。这款游戏无疑是第一本互动式探险游记。该游戏也开创了一
种新的游戏玩法,如图 2-19 所示。后来,这种玩法还出现了很多不同版本,如雅达利游戏
机上的"探险"(Advanced)、Crowther 后来开发的"丛林冒险"(Woods Adventure)加入了
分数系统,还有微软开发的运行在 MS-DOS 下的 Adventure,该游戏还使用绘图技术加入
了图片。1979 年,Roy Trubshaw 在英国埃塞克斯大学编写了第一个多用户城堡游戏
(Multinuser Dungeons,MUD),该游戏被认为是计算机角色扮演类游戏的鼻祖。

图 2-19　"洞穴深处的探秘"(Colossal Cave Adventure)

　　1976 年 10 月,雅达利发行了一个名称为"夜晚驾驶者"的模拟业务游戏机,这个屏幕
使用黑白屏幕,自带箱体,里边包含方向盘、油门和刹车等。玩家需要扮演一个黑夜里驾
车在高速公路上狂奔的车手。它利用一些透视效果的技术来表现车辆的前进,可以说,这
个游戏是 3D 主视角游戏的鼻祖,如图 2-20 所示。

　　就在街机游戏发展得热火朝天时,雅达利在 1977 年 10 月发布了一款家庭电视游戏
机,刚开始这个游戏机被命名为 VCS(Video Computer System),后来重命名为 Atari
2600。这个游戏机采用卡带式编码方式存储游戏,如图 2-21 所示。

---

① 他不仅是一个程序员,同时也是一个洞穴探险爱好者。

② 可以在这个网站上玩这个游戏:http://www.web-adventures.org/。

③ 迄今为止发现的世界上最长的洞穴。

图 2-20　"夜晚驾驶者"

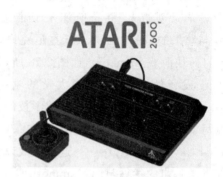

图 2-21　Atari 2600

该游戏机比第一代视频游戏机"奥德赛"①的性能要好一些。Atari 2600 可以说是有史以来最流行的视频游戏系统之一,而且它的生命周期直到 1990 年才宣告结束。在该游戏机上,较为经典的游戏有"探险"(Adventure)、Pong、"爆破彗星"(Asteroid)等。而最为经典的还是由同名街机游戏移植到 Atari 2600 平台的游戏"吃豆人"(Pac-man)②,其二就是由 Activision 开发的"玛雅人的冒险"(pitfall),还有获得很多褒奖的"飞天蜈蚣"(centipede)。

1889 年成立的任天堂(Nintendo)株社会社,原本是一家专门印制一种叫作花札的日本纸牌的日本公司。它在 20 世纪 70 年代进入视频游戏领域,在 20 世纪 80 年代研制的 FC 家用游戏机(俗称红白机,欧美称为 NES)更是让任天堂成为最著名的游戏开发公司。

1980 年,由任天堂的横井军平设计的便携式游戏机 Game & Watch 取得了非常大的

图 2-22　Game & Watch

成功,如图 2-22 所示。它被认为是现代掌机设备的雏形。这种新型游戏机的出现使得其他游戏公司开始效仿它甚至原封不动地抄袭 Game & Watch 的游戏③。因为这种游戏机每个设备上只能有一个游戏,因此玩家要玩其他游戏只能重新购买,这对于玩家来说并不合算,因此在最初销售时获得惊人的成绩,但之后业绩便开始下滑,从长远来看并没有获得广泛的成功。

1978 年,任天堂发行了街机版的"五子棋"(Computer Othello)。而让它真正流行

---

① 第一款家庭游戏机是由 Ralph Baer(电子游戏鼻祖,他在 1951 年便有让人们在电视上玩游戏的设想,但被他的公司嗤之以鼻)设计(1966)并由 Magnavox Odyssey(奥德赛)于 1972 首度投放市场。这个游戏应该属于第一代游戏机。很快便赢得了包括女性和儿童在内的各层次玩家的喜爱。它被认为是游戏历史上最经典的游戏之一。但移植到 Atari 之后因为移植不够完善而失败,这次移植也是导致北美家用游戏机市场崩溃的诱因之一。

② "吃豆人"是由南梦宫株社会社(Namco)的岩谷彻设计并由 Midway Games 在 1980 年发行的街机游戏。

③ Game & Watch 游戏系列:http://en.wikipedia.org/wiki/List_of_Game_%26_Watch_games。

起来的是 1981 年在街机上发行的"大金刚"（Donkey Kong）[①]，它的创作者是宫本茂，如图 2-23 所示。

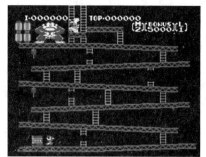

该游戏的主角便是"马里奥"的原型。他需要越过各种障碍，同时还要躲避大金刚向马里奥扔的滚筒，最后把大金刚身边的女主角营救出来。该游戏成就了任天堂，也创造出了脍炙人口的游戏角色"马里奥"[②]；"大金刚"在发行到第三代时，玛丽奥没有再出现在这个游戏中，因为它已经单独成为一个游戏系列出现在 FC 家用游戏机上。

图 2-23　"大金刚"

1983 年 7 月，任天堂在日本推出了 FC 卡带式家用游戏机。这在当时家用游戏机市场萧条的时期引起了不小的轰动。任天堂在游戏软件方面吸取了雅达利衰败的经验教训，很早便认识到游戏软件质量是直接影响游戏市场的最根本因素。但要保证游戏的质量，单靠任天堂自己开发是远远满足不了市场的需求的，因此它决定在一开始就授权其他游戏开发商可以开发 FC 上的游戏，虽然其苛刻的准入条件令很多合作者非常不满，但却避免了游戏软件业混乱的局面，保证了该行业的有序健康发展，其中也不乏经典的作品。当在 1985 年任天堂决定把 FC 推向全球之后，便奠定了其游戏霸主的地位，如图 2-24 所示。

FC 的游戏可谓数不胜数，其中不乏成为永世经典的作品。如任天堂宫本茂设计的"马里奥兄弟"（Super Mario）、柯美乐（Konami）的"魂斗罗"、南梦宫（Namco）的"坦克大战"以及 Technos 的"热血"系列和"双截龙"系列等，如图 2-25 所示。

图 2-24　任天堂的 FC

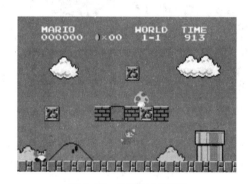

图 2-25　"超级马里奥"

FC 的成功并没有让任天堂故步自封，直到现在，任天堂还在为全世界的玩家开发各种游戏机和游戏。如 1996 年发布的家用游戏机 N64、便携式拔插卡带式 Game Boy（其经典游戏"口袋怪物"系列中的皮卡丘更是深入人心），还有 2004 年发布的 NDS 便携式游戏

---

①　该游戏本来是以漫画《大力水手》为题材，但后来因版权问题搁置了，宫本茂只能用其他角色替换。

②　该角色的名称刚开始被称为"跳人"，后来任天堂美国分公司的员工发现一个在仓库工作的工人 Mario 长得很像这个跳人，于是明星角色"马里奥"便这样诞生了。

机,该游戏机以拥有上下双屏还有笔触功能让游戏的操作更加丰富,该游戏机上最有名的游戏应该算是"脑力训练"(Brain Age)。该游戏通过各种不同的小游戏来锻炼玩家的思维能力,在当时也促使了该游戏机的热卖。更有革命性的家用主机 Wii 把全新的控制方式——体感技术引入到游戏的体验当中,该平台上的体感游戏最为有名的应该属 Wii Sports,该游戏包含多款体育模拟游戏,玩家通过挥动持着感应器的手臂,便能够在客厅里进行一场酣畅淋漓的网球比赛。此后 2011 年任天堂推出了 N3DS,2012 年推出 Wii U 掌机等。面对着微软的 Xbox 和索尼的 PS 系列等游戏机的竞争,任天堂始终追求游戏可玩性而不是过分强调视觉效果的游戏开发文化,使得它为世人缔造了大量经典的游戏。

　　1983 年,与任天堂几乎同期发布的 SG-1000,是日本世嘉(Sega)推出的一款电视游戏机,它的运行性能是任天堂所无可比拟的。但由于该机器毛病太多还有控制器体验太差而败给了任天堂。后来在 1988 年推出的 MD 游戏机(第一台 16 位游戏机),并成功移植了一些优秀街机游戏而占有一定的市场份额,但最终还是被强劲的任天堂打败。1994 年,世嘉推出了命名为"土星"的游戏机,同样也是主要移植街机游戏,曾与索尼的 PS 不相上下,但最后还是因为种种原因失败了。DC,是世嘉推出的最优秀的主机,运用 128 位运算,在当时是效果数一数二的游戏机之一,其"梦幻之星网络版"是该平台上非常不错的游戏,但最后还是在 2000 年正式停产。在游戏主机市场上,世嘉的游戏机性能基本都是走在时代前列,曾经它与 Nintendo(任天堂)、Sony(索尼)、Microsoft(微软)并列四大家用游戏机制造商,但实际上走得早并不代表走得好,世嘉于 2001 年起结束家用游戏机硬件的生产业务,转型为单纯的游戏软件生产商(第三方)。虽然在游戏硬件平台上不如其他游戏平台那么成功,但也创作了很多脍炙人口的作品,如"刺猬索尼克"(Sonic)、"战斧"、"雷电"和"大航海时代",如图 2-26 所示。

图 2-26　"索尼克"和"大航海时代"

　　索尼(Sony)是全球电子产品的销售巨头,其经营范围包括收音机、电视机、摄像机、电子游戏机、通信产品等,还涉足了电影、音乐领域。1988 年,任天堂与索尼签订了一项共同研发的光驱技术(SFC-CD)用于超级任天堂游戏主机上的合作协议,但索尼也想通过此机会开发一部能兼容任天堂游戏的游戏主机。后来在 1991 年,任天堂前总裁山内溥详发现该合同会使得任天堂完全失去主导权,动摇任天堂的地位,因此他想尽各种办法中断了该合作。

　　在与任天堂的合作计划破产之后,索尼也计划终止这项计划,但在时任索尼电子娱乐经理职位的久多良木健①的努力下,高层终于决定继续这项计划。在他的带领下,索尼于 1991 年开发出了 PlayStation 游戏机(简称 PS)并在 1994 年在日本首发,而后推广到美国和欧洲地区。在随后的几年,PS 迅速成为家用游戏机市场的新霸主,大大动摇了任天堂

①　久多良木健被誉为是"PlayStation 之父"。

图 2-27　PlayStation

和世嘉等家用游戏机在家用游戏机市场的地位,[①]如图 2-27 所示。

在该游戏主机上,造就了很多精品游戏作品,如 Square 公司的"最终幻想"(Final Fantasy)系列,Konami 的"合金装备",Capcom 的"生化危机"、"恐龙危机"和"寂静岭"以及 Namco 的"铁拳"等。这些游戏都在后来开发出了续集,可见其受欢迎程度。

凭借强劲的市场势头,索尼在 2000 年推出了性能更强劲的 PlayStation2(简称为 PS2),直到 2012 年 2 月全球的销售量达到了 1 亿 5 千万台。2005 年,发布了 PlayStation3,其上独占的游戏更是给人留下深刻印象,如虚拟歌手"初音"系列、"GT 赛车"、采用黏土动画风格 3D 绘图的"小小大星球"以及画面堪称照片级的"神秘海域"和充满神话色彩的"战神"等。2013 年,索尼发布了新一代游戏机 PlayStation4,并于 2014 年在上海自贸区生产和营销索尼旗下的相关游戏业务,这也成为 PS4 正式入华的开始。除了家用游戏机,索尼还推出了深受玩家追捧的便携式掌上游戏机,如 PSP(PlayStation Portable)系列和 PlayStation Vita 系列,如图 2-28 所示。

除了任天堂、世嘉和 PlayStation,微软的 Xbox 平台游戏机可算是后起之秀,但它借助微软强大的技术力量,也在竞争激烈的游戏机市场占据了大半江山。2001 年,微软推出了它的第一台家用游戏机 Xbox,它的性能是当时 PS2 的两倍。在这个游戏机上也涌现出很多著名的游戏作品,如"光环"(Holo)系列,"战争机器"系列和"使命召唤"系列等。除了有高级的硬件做支撑之外,微软在 2005 年发布的 Xbox 360 的 Kinect 体感设备更是让玩家体验到前所未有的互动方式,如图 2-29 所示。该设备与任天堂的 Wii 不同,它不需要玩家手持感应器便能进行游戏,给玩家带来的便捷性使得它在体感游戏领域中获得了巨大的胜利,在该平台上著名的游戏有"Kinect 大冒险"(Adventures)、"Kinect 体育"(Sports)和"舞蹈中心"(Dance Central)等。2013 年 5 月,微软正式发布了 Xbox One,同时也在 2014 年正式在中国发售。

图 2-28　PSP

图 2-29　Xbox 360

---

① 在十多年间全球销量总计 1.1 亿台 PlayStation。

在游戏主机市场,任天堂、PlayStation 和 Xbox 可谓三足鼎立。除此之外,雅达利、NEC 和 3DO 等游戏机平台也在一个时期内流行过。谁将在未来的游戏市场中更胜一筹,还要等待时间的考验。如图 2-30 所示是知名游戏主机的历史列表。

| 世嘉 (1988) | · Dreamcast (1998)　· 世嘉土星 (1994)　· Game Gear (1990)　· Mega Drive (1988) · 世嘉MasterSystem　　· SG-1000 (1983)　· Game and Go! (1981) |
|---|---|

| 索尼 | · **PlayStation Vita (2011)**　· psp go (2009)　· PS3 (2006)　· psp (2004) · ps2 (2000)　　· PlayStation (1994) |
|---|---|

| 任天堂 | 家用机 | · Wii (2006)　　· NGC (2001)　　· 任天堂64 (1996) · SFC (1990)　· FC (1983) |
|---|---|---|
| | 掌机 | GomeBoy系列 | · GBM (2005)　· GBA (2001)　· GBC (1998) · GB (1989) |
| | | DS系列 | · 任天堂3DS (2011)　· NDSILL (2009)　· NDSi (2008) · NDSL (2006)　· NDS (2004) |
| | 其他 | · 64DD (1998)　· Virtual Boy (1995)　· Game&Watch (1979) |

| 微软 | · XBOX ONE (2013)　　· Xbox360 (2005) |
|---|---|

图 2-30　知名游戏主机列表(来自百度百科)

自从个人计算机(Personal Computer,PC)的普及,还有后来的智能移动终端,如智能手机、平板电脑等触屏设备的大众化,使得家用游戏机的市场占有份额略有下降,但同时也让更多的游戏开发商有更多的平台选择。而智能移动终端开发成本和准入门槛较低,使得很多开发者都纷纷想在移动终端游戏中分得一杯羹。但这样也有一个问题,就是会造成大量粗制滥造的游戏流向市场,如果再按照这种大跃进的情形发展下去,可能会再次发生 1982 年的游戏产业大萧条。[①]

# 小结

游戏,起初是所有哺乳动物所具有的一种学习生存本领的途径。但随着人类以及人类社会的进步和发展,游戏逐渐被剥离出它本来的目的成为人们消磨时间的工具。本章从三个方面入手,分别介绍了经典古代游戏、近代商业棋盘游戏和视频游戏平台的发展。Senet 被认为是最早的桌面游戏,它是类似于跳棋的棋类游戏,同样,"乌尔皇室游戏"(The Royal Game of Ur)也是古老文明中发明的一种流传甚广的游戏。西洋双陆棋和中国的象棋、围棋、五子棋等棋类游戏,则是到现代都还具有很大影响力的棋类游戏之一。

随着印刷术和造纸术的普及,桌面游戏的形式也越来越丰富,如"幸福的大厦"、"游戏人生"、"地产大亨"、"万智牌"、"三国杀"以及角色扮演类游戏"龙与地下城"等都深深地影响着每一位玩家。

本章最后对视频游戏平台的发展做了一个简单的描述。从在示波器上玩的"双人网球"到显示器显示的"太空大战",被认为是视频游戏的鼻祖。而真正把视频游戏带向市

---

① 由于雅达利当年发布的不完整版"吃豆人"和改编自电影的 E. T. 还有当时很多发行方急功近利,在市场上发布了过多简单的游戏厅游戏,这些游戏粗制滥造,从而造成很多玩家对视频游戏失去兴趣,这让很多公司蒙受了巨大的损失。

场,成为大众能够接受的产品则是雅达利,该公司的 Pong 游戏到目前还有很好的参考意义。随着视频游戏市场的不断扩大,越来越多的公司加入到这场激烈的竞争当中。例如,Activision、微软、任天堂、索尼和世嘉等。目前,微软的 Xbox 系列、索尼的 PS4 和任天堂的 WiiU 三家游戏平台公司成为一种三足鼎立之势。当然,除了游戏机平台之外,PC 和移动设备也是视频游戏强有力的支撑平台。

# 作业

1. 请简述视频游戏的发展历程。
2. 请挑选你较喜欢的游戏公司,并详细了解它的发展历史以及它的代表作。
3. 谈谈你认为移动设备上的游戏的发展前景,以及它与其他游戏平台之间的区别,它的优势和劣势在于什么地方?
4. 搜索有关 Advanture 的不同版本的游戏,并感受它的设计理念。
5. 收集有关任天堂的资料,试分析任天堂的游戏开发理念,并谈谈你对这种理念的看法。

# 第 3 章

# 游戏设计师

一个能够让玩家拍案叫绝,废寝忘食地全身心投入的游戏,是由哪些人制作的呢?什么是游戏设计师,什么是游戏团队,一个游戏团队是由哪些成员组成,他们分别负责什么,怎样成为一名优秀的设计师,优秀的设计师需要具备什么样的特质等。这些问题,都是每一位有志从事游戏设计工作的人需要了解的,同时了解游戏公司中的职务分类,可以尽早地为自己寻找到定位。

## 3.1 游戏开发团队的组成

1984 年,年仅 20 岁出头的耶鲁大学在校生乔丹·麦克纳(Jordan Mechner),在苹果Ⅱ型计算机上一个人写出了平生第一个作为商业作品销售的游戏"空手道专家"。这款游戏以 50 万的销量注定他成为游戏界的一个神话,如图 3-1 所示。

图 3-1 "空手道专家"

1989 年,他又一个人编写了家喻户晓的2D 横向轴向游戏"波斯王子"。这部游戏有丰富的攀爬跳跃动作、丰富的解密要素和极富挑战性的难度,同时该游戏还设置了跌宕起伏的剧情,如图 3-2 所示。正因为如此,该游戏以200 万套的销量证明了玩家对这些创新的接受,也从动作游戏中引领了一个新的分支:动作冒险游戏。[①] 完成这部经典游戏,乔丹·麦克纳一个人承担了策划、程序、美术、音乐音效的所有工作。当然比起现在的游戏作品,这种质量的游戏并不算什么,但在当时的技术条件下一个人能够完成这样的作品也是让人惊叹的。

但随着硬件设备的发展,尤其是计算机中央处理芯片(CPU)和图形加速卡(GPU)性

---

① 摘至网易门户网站的"波斯王子"诞生记(当年游戏制作人乔丹·麦克纳在构思"波斯王子"游戏时,很是下了一番工夫。其灵感来源于两部关于古波斯的文学巨著。一部是诗人菲尔多西的"诸王书",这本书大概写于公元前1000 年,一直被公认是伊朗的民族史诗。另外一部是"一千零一夜",有的是魔幻奇幻跟冒险故事。"当时我一直想在游戏里面加入一些新的东西"麦克纳说,"早期的电子游戏就和早期的电影一样,都是使用一些已有的题材,比如剑魔类或者科幻类小说,只不过看看怎么能把它们用游戏和电影表现出来而已。而在游戏"波斯王子"里面,我想创造一个有血有肉的角色,并且努力让游戏表现得更加真实,比如当角色从高处掉下的时候,会产生一定的伤害。")

能的提高,内存的不断增大,这为提高视频游戏的效果提供了更可靠、更高效的运行平台。同时,玩家希望游戏能够有更丰富的内容,更赏心悦目的画面,更逼真的音效,更复杂的玩法。随着玩家对游戏的要求越加苛刻,游戏设计者在创作过程中必须不断加入比原来复杂的功能来迎合玩家的需求。这也给游戏设计者提出了更高的要求,他们需要对每一款游戏作品的每一个环节进行精雕细琢,这也促使了游戏行业的分工,这样每个人便能够更专注于自己擅长的方面。

如果把 2003 年由育碧蒙特利尔团队携手原作者共同制作的"波斯王子"的 3D 动作冒险游戏大作"波斯王子:时之沙"的创作成员名单列出来的话,估计需要占用几页版面,如图 3-3 所示。

图 3-2　"波斯王子"DOS 版

图 3-3　"波斯王子:时之沙"

因此,在游戏行业中,分工合作是最为高效的方法。就目前来说,一个游戏设计开发团队一般至少需要由策划团队、程序团队和美术团队这"三驾马车"①组成。接下来,将介绍这些团队的构成和作用。

**1. 游戏策划师**

游戏策划是游戏开发的核心,可以把游戏策划比喻成整个游戏的灵魂。他设计了整个游戏的主题、核心体验、故事、游戏表现、游戏规则、体验方式、数值平衡,以及所有的玩家技能和挑战等。同时需要把他们的想法直观全面地传递给程序和美术。还有需要协调其他部门来保持风格的统一。如果一个游戏比较小,也许只要一个策划师就可以了,但是如果该游戏较为复杂,那么游戏策划师还可以细分为:主策划,文案策划、规则设计师、数值策划师、关卡设计师以及脚本设计师。

(1)**主策划**:负责整个游戏策划团队的管理以及与其他团队之间的协调沟通;同时把控整个游戏项目的内容风格等。

(2)**文案策划**:按照游戏主策划的设计要求,设定、撰写游戏的主题并具体展开,以达到游戏主策划的要求。也就是把游戏想法付诸笔端的职务。

(3)**规则设计师**:设计整个游戏的规则系统。游戏规则在一定程度上决定了一个游戏的类型,它是整个游戏的核心机制,还可能会涉及玩家技能、挑战类型和其他内在机制

---

① 由于游戏作品一般作为商品进行推广,因此游戏市场推广也是重要的一环。

系统等。

（4）**数值策划师**：虽然"数值"这两个字令很多游戏设计师望而却步，但一个游戏是否好玩，玩家黏合度是否较强，在很大程度上取决于游戏的数值，因为数值是一个游戏是否平衡的重要保证。比如是否能够防止提供给玩家的选择当中存在统治性策略，比如三架战斗机的攻击力、攻击速度以及命中率之间的数值关系。数值策划师需要有较好的逻辑分析能力以及一定的数学功底（如概率论的应用，数学公式的设计和计算等）。

（5）**关卡设计师（Level Designer）**：利用其他游戏设计师设计的元素（如挑战），按照一定的方式来设计它们出现的地方、数量、时间和频率等。也就是说关卡设计师根据主策划师的要求设计出整个游戏世界的框架，并在这个世界框架的某些地方合理安排玩家需要面对的挑战类型、挑战数量、奖励类型和数量等，同时还需要每一关的目标任务、情节衔接、视觉效果，甚至会使用游戏制作工具对场景进行优化。游戏设计师可以看作是导演和摄像师，摄像师根据导演的要求录制各种视频素材，而关卡设计师是剪辑师，把这些素材剪辑成一部张弛有度，跌宕起伏的作品。比如某个游戏策划师列出 NPC、悬崖等挑战的列表以及金币等奖励元素的列表。至于这些障碍和 NPC 放在什么地方则是关卡设计师的职责。当关卡设计师拿到这个列表之后，根据游戏的核心体验和主题设计出每个游戏关卡的框架，接着在这个框架中合适的位置摆放这些 NPC，出现的悬崖以及金币的数量和位置等。关卡设计师在游戏节奏控制、难度曲线控制等方面需要有比较敏感的直觉。当关卡设计师在设计关卡时，会时刻与程序员和美术人员紧密合作，程序员可以为关卡设计师提供逻辑程序的支持，而美术人员会为关卡设计师提供场景效果。如图 3-4 所示、关卡设计师经常会用到的工具有纸和笔、Visio、Photoshop 以及游戏创作软件等工具。

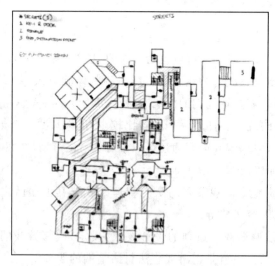

图 3-4　某个游戏的场景框架

（6）**脚本设计师**：根据游戏策划内容，利用计算机程序来实现游戏原型。在游戏的设计过程中，尤其那些比较大型的游戏，需要各种没有经过美化，甚至简陋的原型但能够充分体现游戏玩法的原型来测试游戏的玩法，如图 3-5 和图 3-6 所示。因为可以使得修改更加快速，风险更低。一般脚本设计师由程序员来承担。

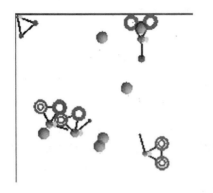
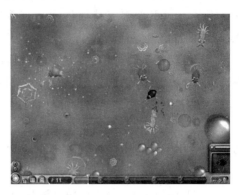

图 3-5　EA"孢子"生物演变的复杂行为原型[①]　　　　图 3-6　EA"孢子"最终版本

### 2. 程序工程师

程序工程师是使得游戏动起来，使得游戏具有交互性而区别于其他艺术形式的最大技术提供者。在游戏设计过程中，如果没有程序工程师的帮助，一切的想法创意都不可能实现。可见程序工程师在游戏开发过程中的重要地位。伴随着游戏功能复杂程度的提高，程序难度也在不断增大，同样也把程序工程师的职能进行了划分。

（1）**主程序员**：也可以称为程序 Leader 或主程，通常由一名经验丰富的程序员专家担当。他主要统筹程序团队中的进度安排，把控质量，同时与其他团队进行沟通、协调。而且，现在游戏公司里招收新人也需要经过主程序的面试考核。

（2）**游戏引擎程序员**：游戏引擎，是一种用于游戏设计的软件工具，一个好的完备的游戏引擎可能需要渲染系统、界面系统、输入输出控制系统、音频播放系统、物理引擎系统、网络系统、人工智能系统等功能。游戏引擎封装了游戏开发所需要的各种底层功能，使得游戏设计师可以把更多的精力放在游戏内容上。但是，要开发这么一个引擎，需要投入大量的人力物力还有时间，比如一个大型的游戏引擎可能需要几百人开发几年时间。因此，现在越来越多的游戏公司倾向于购买已有的第三方游戏引擎授权（如 Unity3D、Cocos2D、Unreal、CryEnine 等）以节约开发时间和成本。当然，有一些大型的游戏公司经过多年的积累之后也拥有属于自己的但不对外开放的游戏引擎（如 Capcom 游戏开发公司使用的是 MT Frameworks 引擎，EA 的寒霜引擎）。现在游戏引擎开发也已经是游戏开发中的一个很大的分支，而且对程序员的技能要求也非常高，如图形学知识、人工智能、软件框架等。但作为一个游戏程序员，需要掌握一些基本的算法，这样才能实现更好更自然的效果。

（3）**工具开发程序员**：有时候游戏引擎可能不能满足开发的需求，那么就需要一些

---

① 可从下面的网址下载到"孢子"的原型程序：http://pc.duowan.com/news/20080912/1221155855.shtml。

合适的工具或插件来做支持。这些工具可以给策划，也可以给美术或者其他程序员提供更加合适和高效的工作效率。比如制作特殊的地形编辑器或者特殊的关卡设计工具等。现在很多游戏引擎都支持插件或者直接修改源代码，如 Unity3D 支持插件，Unreal 和 Coco2D 支持修改源代码。

（4）**逻辑程序员**：也可能是前端（前台）程序员，如果是网络游戏的话也可以称为客户端程序员。这些程序员是具体把策划师的想法实现出来的主力军。他们需要实现角色逻辑控制、NPC 人工智能逻辑、碰撞检测、分数计算、GUI 逻辑。由于模块化或者组件设计模式的出现，现在很多逻辑程序员也为关卡设计师编写各种逻辑脚本，比如具有左右移动行为的 NPC01、能够跳跃和射击的 NPC02、能够弹出尖刺陷阱 01、能够破碎掉落的陷阱 02 等，再交给关卡设计师进行关卡设计。这些程序员除了需要扎实掌握编程知识之外，一定的数学知识也是提高游戏表现力的坚强后盾。

（5）**后台程序员**：或称为服务器端程序员。一般指没有直接呈献给玩家的那部分游戏逻辑，比如游戏的网络联机功能、数据库读取功能。他们负责网络游戏服务器端的开发工作。如客户端与服务器端之间的数据传输与处理，数据库数据的读取修改和保存，以及保证服务器端的稳定运行。一个游戏的后台稳不稳定直接影响到玩家的游戏体验。

### 3. 美术设计师

美术画面是游戏的外表。一个游戏能不能马上抓人眼球，能不能给玩家带来更大的沉浸感，游戏是不是能烘托气氛，美术是不可忽略的部分。20 世纪 80 年代，由于计算机技术不能充分表达美术师的意图，也不能反映一个美术师的才能，因此从事游戏美术设计的人并不多，游戏基本只要有程序员就能完成，如 BrakeOut（也就是后来的"打砖块"）这个游戏，如图 3-7 所示。但是，玩家和开发者对游戏效果的追求也是永无止境的，随着计算机图形处理速度和能力的增强，游戏画面越来越绚丽，

图 3-7　Atari 游戏机上的 Spacewar

从当初只能显示黑白两色的大型计算机 PDP-1，到后来 Atari 游戏机的 256 色处理能力到 2014 年的 PS4 和 Xbox 等 32 位（$2^{32}$）真彩色处理的游戏机。强大的三维处理能力，使得游戏开发过程中需要大量的美术人员。

（1）**主美术设计师**：也是整个美术团队的组长，业内常称为 Leader 或者主美。能够当上主美这个职位的人需要有大量的经验。他要保证整个美术团队创作的风格统一，同时还要安排工作进度，协调组员以及和其他团队沟通。主美同时也要担当新人面试考核的任务。

（2）**概念图设计师**：他们需要根据策划的要求为其中的场景和角色等进行概念设计，使得整个游戏的整个游戏风格能够以更直观的方式呈现出来。同时，也会收到关卡设

计师设计的场景结构并对这些场景进行可视化的草图设计,以方便为其他美术人员提供参考和任务的分配。可以说,概念设计师是整个游戏画面风格的创造者。

(3) **2D 美术师**:如果一个游戏是 2D 风格的话,那么 2D 美术师就要把这个游戏当中的所有场景、角色、NPC、特效绘制出来,还要创作出里边的动画效果和特效效果。

(4) **3D 模型设计师**:现在很多游戏都是以三维的方式呈现,因此 3D 设计师在游戏公司中也非常多,他们根据概念图创作出数字三维模型。随着分工的细化,现在很多大型游戏公司都把 3D 设计师分成建筑环境设计师,载具设计师,角色设计师,甚至还有植被设计师。或者更加细化,一个角色都可以再细化成角色建模师,角色贴图绘制师,骨骼绑定师,动作创作师等。而且很多大型的游戏公司在游戏设计的时候只出概念稿,而把建模工作外包到其他公司里。比如"古墓丽影"、"战争机器"等游戏场景很多都是在中国的外包公司或分工作室创作的。3D 设计师可能需要掌握的是 3d Max、Maya,ZBrush 等建模工具,还有绘制贴图用的 Photoshop 等。

(5) **GUI(图形用户界面)设计师**:也称为界面设计师。界面可以看成是一个游戏的门面,同时也是一种功能性的设计,它关系到玩家是否"开始游戏"的意愿程度。游戏界面是游戏与玩家之间沟通的一个最有效的窗口,它可以显示玩家血量、子弹剩余量等游戏信息。作为一个游戏界面设计师,需要有较强的平面设计能力,能够使得每一个界面都赏心悦目,符合游戏风格。GUI 设计师除了要保证画面美观之外,还要符合玩家的操作习惯并为玩家提供操作上的便利,在 GUI 设计中,有一个理念是从顶层界面到目标界面不要超过三层。Photoshop、AI 等平面设计工具也是 GUI 设计师的得力工具。

(6) **技术美术(Tech. Artist)**:有人说这个职位源于影视动画里的技术总监(Tech. Director,TD),目前很多大型的游戏公司里都会有几个"大牛",那么便是技术美术,他们技艺双全,既懂技术,也懂艺术,通常充当程序员与美术设计师的桥梁。他们具有较高的审美能力和艺术设计能力,同时也掌握扎实的程序、图形学等方面的知识,因此基本上一些关于视觉效果的大问题都要请技术美工来帮忙解决。当然,目前技术美术比较难找,因为目前很多的培养方式都是会美术设计的不懂技术,而会技术的人却不懂艺术,从而使得两者之间沟通比较困难。

### 4. 音乐音效设计师

从 20 世纪 80 年代只能发出"滴滴答答"的声音到现在 8.1 环绕立体声的音频播放系统,使得游戏的体验从只能简单地感受游戏规则到能够享受听觉盛宴,使得很多音乐和音频创作者转向为游戏设计和制作音乐音效。在游戏声音方面,可以大致分成两种,一种是音乐,一种是音效。音乐主要是该游戏的背景音乐,例如超级玛丽的主题曲,而音效就是游戏场景中发出的各种声音,如脚步声、枪声、嘶吼声、火山爆发的声音等。当然,随着专业化的要求和设备的投入,很多游戏公司也把音频音效外包给其他的外包专业公司,因为这些外包公司能够更加专业地完成任务。

以上列举的游戏团队不同的职务职位,每个游戏公司都有自己的划分,可能会有更多的细化,或者一人身兼多职。当然除了以上介绍的几种职务之外,还会有管理层、制作人、编剧、演员、测试员、质量保证、市场推广发行等。在本书中,主要涉及的游戏设计师是游戏策划。

### 3.1.1　游戏设计师需要掌握的基本技能

作为一名游戏设计师,除了与其他艺术创作者一样要有一定的天赋之外,还需要不断加强自己的设计技能,经过不断地学习、实践,才有可能成为一名优秀的设计师。游戏设计是非常强调实践和经验的工作,它就像一个厨师,你如果只看菜谱是永远成不了一名优秀的厨师的,只有亲自动手下厨,才能在实践中知道一道菜要用多少火候、放多少调味品,这样慢慢才有可能成为"厨王"。

游戏设计也是一样,光说不做,或只会写写文档,那么永远也成不了大器,因为很多时候只有一个游戏原型出来之后,经过测试才能知道哪些地方有问题,哪些地方玩家会感觉比较糟糕。有些人说,游戏策划不是教出来的,而是实践出来的,只有游戏在创作的时候才能真正学到东西。这句话确实有它的一定道理。因此,要成为游戏设计师,最快的捷径便是实践。

游戏涉及的方面非常多,比如美术、文学、技术、音乐等方面,虽然设计师可能不会亲自深入涉及这些范围,但是必须有所了解,这样才能知道设计的游戏是否能够实现,同时思维也会更加开阔。

作为一名游戏设计师需要有一定的美学能力,最好能够有一定的审美能力和美学知识,知道哪些是美的,哪些是有内涵的,同时要扩展自己的美学修养,拓展自己的美学广度。甚至要关注电影、建筑、绘画、机械、园林设计、音乐等领域。还有,一定的绘画能力可以帮助游戏设计师更直观地把想法呈现给别人,因为画面总比文字所涵盖的信息量要大,而且能够更快让人了解自己的想法。

除了有一定的美术鉴赏能力之外,还需要有一定的技术能力,这里的技术不要求熟练掌握编程技术,当然如果能掌握是最好的,如果不擅长的话,那么也要了解当前的技术能够实现到什么程度,从而使得设计出来的内容更有可行性。因为一些策划师不懂技术,导致在创意时天花乱坠,最后很多想法都只能破灭,甚至经常出现设计师与程序员反目成仇的现象。另外还需要有一些简单的数学知识,因为现在在处理游戏平衡当中,会经常使用到数值分析的基本知识,当然可以不用高深的数学证明,而只要懂得加减乘除、概率论基础就可以了。

文学功底是少不了的,因为要把心里的想法付诸笔端,而且要让程序员和美术以及市场推广人员甚至是CEO能够看懂并接受你的想法。但注意,一个游戏的策划不能把它写成一本小说或者一篇散文。而是要非常清楚地描述出这个游戏所带来的游戏体验以及所有功能。

作为一名游戏策划师,同时还需要有比较宽的知识面,当然,要做到上知天文下知地理样样精通也是很难的,但是要做到能够在需要用的时候信手拈来。

　　因为游戏设计是一个团队合作的过程,所以需要协调各个团队各个成员之间的关系,这个时候沟通能力和妥协能力显得尤为重要。因为沟通和妥协是消除矛盾和误解的最好途径。

## 3.1.2　游戏开发过程模型

### 1. 瀑布模型

　　游戏项目越庞大,意味着需要承担的风险也就越大。在 20 世纪 80 年代的游戏开发中,因为游戏项目比较小,很多项目都采取软件开发中经常使用的"瀑布开发"模型,如图 3-8 和图 3-9 所示。

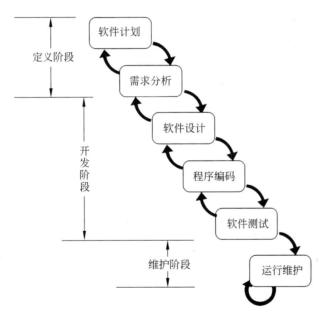

图 3-8　软件设计瀑布模型

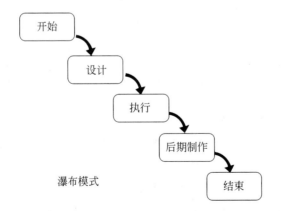

图 3-9　游戏设计瀑布模型

这种模型简单易于执行而被很多项目管理所采用。但是,随着游戏项目规模的扩大,这种"瀑布模型"经常让开发者面临着无法挽回的损失,而且因为这种模型强调的是前期设计,因此可能会产生大量的文档,极大增加了工作量和复杂度,同时产生歧义的可能性也会大大增加。因此在每一个阶段,都需要处处小心、步步为营,因为一般不能对前一个阶段完成的内容进行修改,所以使得很多游戏在最后成型才会发现和暴露出大量问题,如可玩性不高、主题与设计不符等。如果现在回溯到前几个阶段做修改,往往会牵一发而动全身,甚至导致整个项目崩溃。

**2.螺旋模型**

"瀑布模型"是一种静态的开发过程,也就是说当一个阶段的里程碑完成之后就不能再修改,但游戏的开发过程是一个动态变化过程,所以"瀑布模型"有非常大的可能使得游戏"烂尾"。最危险的情况是在没有人玩过这个游戏之前,就已经把它所有细节全部完成,并创造出一系列游戏规则和素材。为了避免"瀑布模型"的灾难性缺点,方便设计师随时测试问题,发现问题,修改问题,人们设计出一种可以根据实际需要进行不断修改的迭代模型——"螺旋模型",或称为迭代模型,如图3-10和图3-11所示。

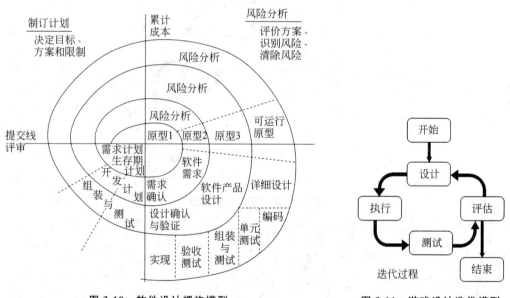

图 3-10  软件设计螺旋模型          图 3-11  游戏设计迭代模型

该模型的主要思想是:提出一个基本的设计;评估当前设计计划的风险;创建可评估的原型并测试;基于该原型所得出的结果提出更详细的设计。以上过程是一个循环螺旋叠加过程,直到最终项目完成。

该模型的最大特点是能够及时评估并解决或降低风险,而且每一个阶段所完成的内容都是可控和可测试的。比如游戏设计师设计出一种挑战,但只是在脑海里想当然地觉得好玩,但有时候实际情况却未必,因此要知晓该挑战是否符合要求还必须把该挑战实现出来,为了更快实现测试原型、降低风险,设计师会以最低成本的方式为该挑战创建一个可玩的原型(如用棋牌、乐高、玩具、简单的程序逻辑,甚至真人上阵),经过测试验证可玩性之后再决定去留。因为创建一个可玩的原型比直到最后出成品才进行测试所需要的成本和承担的风险要低得多,因此,采用这种模型进行游戏开发,可以随时调整游戏内容。同时,在游戏开发的过程中,创建测试原型作为螺旋型开发模型的一个重要组成部分,也是游戏开发中必不可少的重要环节。学会把设计的内容原型化,是游戏设计师必须掌握的基本技能之一。

# 3.2 以玩家为中心的设计方法

## 3.2.1 为什么要以玩家为中心进行设计

游戏是专门为娱乐玩家而设计的。如果游戏真的是一种艺术形式,那么该艺术是否完美,还取决于玩家的参与。有人说,一个游戏当被玩家体验的时候,这个游戏才算真正完成使命。也有人说,游戏设计师只是创建了一个游戏平台,让玩家在这个平台上演绎一场属于自己的故事。可以这么说,设计师为玩家搭台,玩家唱戏。

在游戏行业中,设计师除了要大胆地天马行空之外,还必须始终遵循"以玩家为中心"的设计方法。因为就目前来说,游戏作品更多地是把它当成一种商品或者工艺品来进行开发(当然,有一些独立游戏也有很高的艺术水平,如陈金汉的"旅途"系列)。这个商品最大的消费者是玩家,玩家是否买账,很大程度上取决于该游戏是否符合他的娱乐需求和喜好倾向。作为设计师,不会像其他人那样体验自己的游戏,是很可怕的。

创作一个针对很大市场的作品比制作一款可以吸引某一特定人群的较小市场的游戏要困难得多。因此,很多游戏在着手开发之前,都需要经过详细的市场调查分析,调查内容可以包括当前玩家喜欢什么类型的游戏,什么样的玩法,不同性别、不同年龄段、不同工种职位的玩家倾向于什么样类型风格的游戏等。同时,游戏设计师要经常地进行换位思考,把自己当成该目标人群的玩家,深入了解他们的喜好,以及他们的眼里希望看到的游戏是什么样子的。

## 3.2.2 不同年龄段的玩家人群

在游戏界中有一句话:"要征服所有玩家,先征服特定的小众。"也就是说,先确定该游戏能够让特定的目标人群先喜欢上它。在设计游戏之前,能够较为明确地确定目标玩家,才能够让游戏设计更有针对性。在目前较为常用的不同游戏玩家划分是按照年龄和性别进行的。不同年龄段和不同性别的玩家所喜好的东西是不同的,这也是游戏设计师需要考虑的一个方面。

下面列举出一些较有代表性的年龄段的群体特征。①

(1) 0～6岁，婴儿/儿童，该年龄段的小孩主要对玩具比较感兴趣，而且在这个阶段中还可以再细分下去。

① 0～1岁，该阶段婴儿自己操作能力很弱，因此主要靠视觉和听觉来了解世界，因此喜欢色泽艳丽、可发出特别声响的玩具。

② 1～3岁，该阶段的小孩刚学会走路，会非常喜欢在他们周围的环境里不断地运动，比如走、爬、推、骑，同时他们开始对控制物体和解决问题产生强烈的兴趣，如推拉和骑乘的玩具，较为简单的拼图或者积木，还有"想象游戏"也从这个时期开始，从两岁起，孩子开始喜欢模仿大人的世界。

③ 3～5岁，该年龄段开始对游戏产生更强烈的兴趣，尤其是想象游戏和简单的游戏，他们模仿大人更多的行为，如用假装的钱买东西、模仿收钱和打电话、还会营造一些假想的场所，如商店、医院、学校等，而且该时段的孩子还有一个非常大的特点就是他们除了时常把自己钟爱的玩具当成玩伴，同时也当成了自己的守护神和保护者，他们经常通过玩具表达自信和表达情感，甚至帮助孩子们度过困难的时刻。这个阶段的孩子比较适合有场景模拟类玩具、故事书。还有该阶段最喜欢跟父母进行互动游戏，因此与父母一起玩拼图游戏也是不错的选择，如图3-12所示。

(2) 6～9岁，儿童。学龄前儿童在这个过程中已经开始不断寻求新信息、新精力和新挑战，具有一定的思考和解决问题的能力，并能够完全思考一些事情并能够尝试解决问题。带有强烈的公平感，极其喜欢社交。处在这个年龄段的孩子易受到同伴影响，同时性别区分也开始产生。这个阶段的小孩儿已经开始对游戏产生浓厚的兴趣，而且他们会自己选择自己喜欢的玩具和游戏。但是，当前阶段的财政权还在父母亲身上，因此除了保证游戏能够吸引该年龄段的玩家之外，内容健康也非常重要，如图3-13所示。

图3-12　幼儿时期游戏

图3-13　儿童时期游戏

(3) 10～13岁，青春期。该年龄段的孩子正经历一个巨大的心理成长阶段，并比以前更加深入和更加不同地思考一些事情，并且有自己的见解。他们会很容易被一些他们

① 本部分年龄划分参考 Jesse Schell 所著的 *The Art of Game Design：A Book of Lenses* 中的划分方法。

喜欢的东西所吸引,因为这个年龄会对他们感兴趣的事物变得非常热爱,而且能让他们感兴趣的事情通常都是游戏,而且社交能力也逐渐加强,从而出现成群结队地玩游戏的现象,如图 3-14 所示。

图 3-14　青春期时期游戏

(4) 13～18 岁,青少年。这个阶段无论从心理上还是身体上,男女性别的差异已经开始显现。他们的兴趣区别越来越大,男孩更加关注竞争和征服的体验,而女孩则开始专注现实世界的问题和人们之间的沟通,所以在这个阶段,男生和女生经常待的地方往往是决然不同的,比如男生喜欢在网吧,而女孩喜欢逛街和聊天,如图 3-15 所示。当然,该年龄段还处于好奇阶段,他们都对新的体验非常感兴趣,而数字游戏刚好能够给他们带来更多的新体验。这个年龄段的人是游戏体验的主力军之一。

图 3-15　青少年时期游戏

(5) 18～24 岁,成人。这个年龄段的人会在自己的游戏类型和喜爱的娱乐活动上形成自己明确的口味。针对该年龄段的人群设计的游戏会划分成不同类型,因为每个玩家所喜欢的游戏类型不尽相同。

(6) 25～35 岁。该年龄段的玩家可能已经具有自己的一份职业或者一个家庭,该年龄段玩游戏可能只是成为一种消遣,或者与他们的孩子一起玩。也就是说,玩游戏成了一种业余爱好。目前,很多休闲游戏主要是利用玩家的零碎时间进行,因此休闲游戏非常适合该阶段的玩家。

(7) 35～50 岁。该年龄段的人成了为他们的孩子购买游戏的主要决策者,而且他们也在尝试能够寻找到让全家人都能乐在其中的游戏,这一方面也是任天堂推崇的"家庭亲子游戏思路"大获成功的主要原因之一。同时因为工作和家庭的束缚,使得他们没有太多时间进行长时间的游戏,因此一些休闲游戏在该年龄段的人群中也比较流行,比如"开心农场"。

(8) 50+。该年龄段的玩家可能已经到了快要退休的年龄或者已经退休在家,有些人开始又玩起游戏,而有些则转而投向新的游戏体验,而且这个年龄段的人对于拥有大量社交成分的游戏体验尤为感兴趣,如门球、象棋、扑克等。

从以上的年龄段划分可以看出,不同阶段的玩家其关注点是不同的。当然,以上的划分仅是一种参考,随着时代的变化,势必会出现更多的划分方法。在开发一款游戏时,"适合全年龄段的玩家"的思想是好的,但是现实往往没那么完美,因此一款游戏最好能确定一个年龄段和性别,并尽力做到吸引该区域内的所有的潜在玩家,接着再扩充到其他潜在消费者,这样成功的概率会高一些。

### 3.2.3  不同性别的玩家

因为以前很多的数字游戏都包含竞争、暴力的成分,而且很多游戏都是由男性程序员设计的,所以大多数游戏面向的是男性玩家,但随着游戏行业的发展,越来越多的游戏也逐渐受到女性玩家的喜好。

众所周知,男性和女性天生拥有不同的兴趣和爱好,他们有着不同的技能和能力。作为一个游戏设计师,必须遵守"以玩家为中心"的设计原则,提高游戏的玩家数量,就不得不充分了解男性和女性不同的玩法需求。

#### 1. 男性玩家

男性玩家比较喜欢具有征服、竞争内容的游戏内容,同时暴力破坏能够给他们带来更深刻的体验。一些充满打击感的暴力美学的游戏,如"战神"、"使命召唤"等游戏,让无数男生趋之若鹜。相对于女性玩家来说,一些需要空间思维的谜题对于男性玩家来说是雕虫小技,但对于女性玩家来说却会非常抓狂。男性不喜欢照本宣科地学习游戏,他们更喜欢通过实际尝试来学习和掌握,他们不怕失败,甚至是越挫越勇,而游戏正好为他们提供了尝试的可能,因此为他们提供一个太过详细的游戏玩法说明书会让男性玩家失去耐心。最后,男性玩家在一个时间点上比较容易集中于一个事务上,可谓男性是一种单线程大脑动物,所以游戏设计时不能在一个时间段内给他们太多的任务。

#### 2. 女性玩家

对于女性来说,暴力和征服不是她们想要的,她们渴望的是情感共鸣和交流。这也是韩剧和八卦消息能够博得很多女性观众喜欢的原因。因此如果要吸引更多的女性玩家,最好的方法便是在游戏设计中加入情感元素和跌宕起伏的浪漫故事,让女性玩家在玩游戏的过程中体验到丰富情感表达。同时,女性更加强调社交交流,据2014年网络游戏调查,网络游戏付费玩家中女性玩家比男性玩家要多一些。女性希望在游戏中体验更多的自我表现比在竞争中夺得胜利的愿望更强烈,因此现在很多的网络游戏当中都会有创造性玩法,比如可以为该角色设计外观,搭配衣服等迎合女性玩家的玩法,而"模拟人生"更是让很多女生沉迷其中。女性玩家在游戏中更加喜欢照料别人,就像她们在小时候喜欢过家家一样,在"魔兽世界"中,充当医师这一职业的女性玩家比例要比男性多得多。最后,如果要让一个女生玩家上手一个游戏,请不要让她们自己去尝试,而是给出一份详细的教学,甚至需要手把手地教,因为她们喜欢照实例来学习和掌握游戏。女性玩家与男性玩家比起来,她们更能处理多个并发的任务,而且能够安排得有条不紊,因为这个是女性为照料家庭照料孩子所遗传下来的能力。

现在很多的网络游戏能够吸引大量的男性玩家和女性玩家,因为这些游戏提供了大量角色和职业,这些角色和职业中,有强调进攻侵略型的,也有医护照料型的,同时还提供了各种不同的任务以满足不同的玩家。因此,了解男性和女性对游戏体验的不同需求,可以使得游戏在设计的过程中更有针对性。

# 小结

励志成为一名游戏设计师,需要首先了解游戏行业中团队的组成和职务作用。总的来说,在一个游戏团队中,一个职务可能由一个或多个人承担,而有的可能一人身兼多职。而且,每个游戏公司对团队构成的设置也可能是不相同的。但是,一个游戏设计团队包括游戏策划、游戏程序以及游戏美术三种,他们统称为游戏设计的三驾马车,缺一不可。

在目前的游戏开发过程模型中,瀑布模型已经逐渐被淘汰,取而代之的是能够及时发现问题,及时修改问题的螺旋形开发模型,这种开发过程模型采用了原型化设计手段,对设计的问题进行测试修改和改进而不影响项目的整体进程。

游戏是一种商品,玩家是该商品的买家,以玩家为中心的开发哲学方法论是作为每一个游戏设计师需要遵守的最核心的原则。以玩家为中心的设计方法,就需要充分了解目标玩家的需求,不同的性别,不同的年龄段的人所喜欢的东西是不尽相同的,所以要加以区分。

# 作业

1. 在一个游戏设计团队中,最基本的组成成员有哪些? 如何确保团员之间的合作能够高效顺利地进行?

2. 请思考游戏策划师与游戏关卡设计师之间的区别。

3. 成为一位游戏设计师,需要掌握哪些基本技能?

4. 为了降低游戏项目的开发成本和风险,一般你会选择哪种开发模型? 为什么?

5. 为什么游戏设计师要遵守"以玩家为中心"设计方法,如果你是一名游戏设计师,如何做到这一点?

6. 请设计一张调查表,该调查表要能够调查出不同性别,不同年龄段的玩家所喜好的游戏类型以及他们的游戏习惯,并发放 500 张调查表,以你周围的同学朋友为调查对象,形成调查报告。

7. 根据第 6 题的调查结果,设计一款能够让同学们更关注寝室卫生的游戏(建议使用实景游戏①,建议借助计算机技术来作为辅助),需要有合理的游戏规则(胜利条件和失败条件,也可以是奖励和惩罚),可玩性强,操作性强,效果明显。

8. 尝试为异性设计一款游戏,并收集分析他们对你设计的游戏的建议。

---

① 实景游戏,就是游戏空间发生在现实生活中,游戏情节以现实生活中的事件为内容,而玩家亲自参与的一种游戏。实景游戏可以借助卡牌、借助计算机等载体来辅助完成。

# 第 4 章

# 游戏规则——游戏的核心

一个好的游戏,能够充分反映出一个玩家是属于进攻型的还是属于防守型的性格。而一个好的游戏规则,能够为玩家在游戏中的发挥提供自由的空间。

游戏规则,也称为游戏机制[①],是一个游戏最基本的核心,它使得一个游戏成为一个真正意义上的游戏,它决定了这个游戏的玩法,也决定了一个游戏区别于另一个游戏的核心,也是这个游戏产生娱乐性的根基。虽然游戏规则并没有描述玩家玩游戏的过程,但玩家遵循着该游戏提供的规则来进行游戏,因此一个游戏规则的好坏在一定程度上决定了该游戏的成败。

## 4.1  游戏规则的设计内容

在前面的章节中提到,游戏规则规定了该游戏能够参与的玩家以及限定玩家的行为、游戏目标、胜利条件与失败条件、冲突的方式、奖励惩罚机制以及资源。[②] 接下来让我们逐个进行分析。

### 4.1.1  游戏规则的基本要求

游戏规则需要达到什么样的要求,才能算是一个合格的规则呢? 下面是游戏设计师总结出来的三点要求。

#### 1. 游戏规则能够规定玩家的行为

游戏规则需要具有约束力。游戏规则的主要作用在于描述允许玩家做什么,不允许玩家做什么。可以这么讲,游戏规则定义了玩家在游戏中哪些行为是"合法"的,哪些是"违规"的。再者,游戏规则也规定了该游戏的边界,也就是说,玩家只能在它所限定的范围内进行游戏。比如井字棋游戏,玩家只能使用代表自己的记号进行游戏,同时只能在棋盘内并且是在空的棋盘格上做标记,已经标记过的棋盘格不能再次标记。玩家在游戏的时候必须遵循这些规定才能让游戏进行下去。

---

① 在视频游戏中,游戏机制可能包括更多的内容。
② 虽然给游戏规则下定义是非常困难的,但基于游戏设计师来说,应对游戏规则分而治之,把游戏规则的一些常用的部分分开逐个设计。虽然各种实践中的分析在学术上可能不够严谨,但对于游戏设计师来说已经足够。

**2．游戏规则必须是明确完整，不能带有歧义或者是含糊的**

一个好的游戏规则，对于玩家来说需要明确完整，能够被准确理解，不能模棱两可。一个含糊不清的游戏规则，可能会破坏整个游戏的进程。比如在足球比赛中，除了守门员外其他球员的手不能触碰到球，那么如果球触碰到胳膊怎么办呢？如果该规则没有明确清楚的话，球员将很有可能把它作为漏洞加以利用。还有在玩"飞行棋"的过程中，当一颗棋子遇到前面的"叠子"时，应该怎么办。如果该情况下的规则没有明确，那么游戏将被迫停止，直到玩家们共同商量确定该情况下的游戏规则才能继续往下进行游戏。

**3．游戏规则对于所有玩家来说都是公平的**

在人类社会中，当人受到不公平的对待时便会不可避免地激起矛盾。在游戏中也是相同的道理，公平性对于一个游戏来说非常重要，它要求每位参与到游戏中的玩家都能感受到公平，不能让他们因为不公平的规则而处于弱势地位。游戏的公平性是决定一个游戏黏性的因素之一，当玩家感觉到不公平时，最直接的后果就是对该游戏产生厌恨心理，甚至不再玩这个游戏。使得游戏规则绝对公平是非常困难的事情，但要尽可能地避免过于不公平的现象。

## 4.1.2　游戏是关于什么的

当灵光一现，脑子里闪现出一个游戏创意：我要设计一个关于"抢夺操场"的游戏，我要设计一款让玩家享受"驾驭恐龙"的游戏，我要设计一个"寻找宝藏"的实景游戏……这些都是一个出色游戏作品的开始。

在开始设计游戏之前，首先需要确定这个游戏是关于什么的。这个"关于什么"可以认为是该游戏的世界观，而游戏的世界观则包含游戏的主题或者是核心体验。

所谓世界观，就是人们对世界或宇宙的基本看法和观点。即人们对世界的描述以及整个世界运行体系的理解。而游戏中的世界观也有类似的含义，它可以说是整个游戏带给玩家的整体感觉。其实游戏世界观是对游戏的 4W（即什么时间 When，谁 Who，在什么地方 Where，做什么 What）进行确定。

确定一个游戏的世界观，有助于保证游戏的结构一致性。对于一个游戏设计师来说，创造一个游戏世界观就是在创造一个游戏世界。游戏设计师通过确定整个游戏的世界观，并围绕该游戏的世界观展开设计，而游戏通过规则、操作、剧情、音乐音效等方面来向玩家展现它的世界观。也就是说，游戏中所有的元素都是游戏世界观的组成部分，例如历史年代、背景、地理环境、角色、行为规则、故事情节等都必须充分体现统一的游戏世界观。比如不同的历史年代，人们生活的环境，人物的穿着、生活用品、行为举止都是不同的，甚至可以直接影响到该游戏的玩法。

暴雪公司的著名游戏"魔兽世界"，世界观搭建相当完整，几乎现实生活中的很多要素在其中都有反映，比如历史、政治、宗教、军事等，而这一切的组合，构成了一个有机的、逼真的游戏世界。而"寂静岭"系列的"表里世界"是一个具有较大开创性的世界观设定。通过游戏世界观,能让玩家感受到该游戏是处在原始社会还是在唐宋时期或者是在未来,同时也能让玩家体验到游戏是发生在哪个地理区域,是在西方还是在东方,同时能够体验到该游戏所要传达的经济政治文化信息,当然玩家通过世界观也能感受到一个游戏的故事题材,例如是属于武侠、神话还是童话等。因此,游戏设计师设计游戏世界观的最终目的就在于让玩家在玩这个游戏中能够产生和设计师相似的认识,以至于多数人都有相似的认识来达成对游戏的共鸣。

例如,"超级马里奥"的游戏世界观是:"一个水管工在童话世界中为拯救被怪兽绑架的公主所经历的冒险"。从该世界观出发,便能大致奠定游戏的基调,例如游戏目标、风格、环境、角色、气氛、任务等。当确定了游戏的世界观之后,游戏设计师便开始着手设计具体的与该世界观相吻合的所有元素,例如,能够体现水管工的元素有什么,童话风格是什么样的一种风格等都需要围绕该世界观来展开。而这些具体元素则能让玩家与游戏的世界观产生共鸣。例如,马里奥的着装、游戏场景里大量的水管、各种卡通画的怪兽,这些统一的游戏世界观组成元素使得玩家能够认可该游戏的世界观。

## 4.1.3 玩家

没有任何玩家的游戏,是没有任何意义的。在游戏设计中,要先确定该游戏需要多少玩家,他们之间是一种什么关系,是竞争还是合作? 一个游戏的玩家的数量和玩家与玩家之间的关系将影响整个游戏的玩法。

### 1. 玩家数量

在玩家数量上,游戏可以分为单人、双人、三人、四人以及多人游戏。或可划分为特定数量的玩家或者是不固定数量玩家。比如 Windows XP 系统内置的游戏"空当接龙"只需要一位玩家,"井字棋"、"象棋"等则需要两位玩家,"跳棋"则是 2～6 个人,"大富翁"则可以是 2～8 位玩家,这些也是属于特定数量玩家的游戏,而大规模网络游戏如"魔兽世界"、"光环"则可以是成千上万个玩家一起游戏,属于不固定数量玩家游戏,如图 4-1 和图 4-2 所示。

在设计一个游戏之前,确定该游戏玩家参与的数量对接下来的设计有很大的帮助。例如对于单人游戏,玩家主要是与游戏系统进行游戏,双人游戏则可以是玩家双方之间的对抗,而多人游戏则可以设计成多人协作的模式。

### 2. 玩家化身

游戏中的角色对象可分为玩家控制角色与非玩家控制角色(Non Player Character, NPC)。玩家控制角色称为玩家化身(Avatar),或者称为英雄(Hero),是玩家在游戏中的代表,它可以是人、动物、怪兽或者是其他可以由玩家直接控制的对象。有的游戏没有明显的玩家化身,比如扑克牌和麻将。而有的游戏中玩家则有很多的化身,比如中国象棋,

图 4-1  "空当接龙"

图 4-2  "魔兽世界"

玩家控制着己方的 16 个棋子,这 16 个棋子就是玩家在游戏中的化身。有的游戏玩家在一个时间内只能控制一个化身,比如单机游戏"古墓丽影"中的劳拉,还有"战神"中的克雷多斯。有一些游戏则提供了让玩家选择游戏化身的玩法,比如"魔兽世界",可以为化身选择外观、职业等自定义选项。

### 3. 玩家互动关系模式

玩家与游戏系统、玩家与其他玩家之间的关系称为游戏中玩家的互动关系模式。大致可以分为单人玩家与游戏系统对抗,多个独立玩家与游戏对抗,玩家与玩家之间的对抗,单边对抗、多变对抗、玩家合作以及团队对抗,如图 4-3～图 4-9 所示。

(1) **单人玩家与游戏系统交互**。这种模式也称为单人游戏。在此类游戏中,玩家独自与游戏系统进行交互。这类游戏需要玩家解决由游戏给出的谜题或者克服其他由游戏控制的障碍。比如 Windows 操作系统内置的"空当接龙"游戏,它便属于单人智力游戏,游戏开始时把 52 张牌随机排成 8 列组成谜题,玩家根据游戏生成的谜题,按照游戏规则重新排列牌序,使得游戏中的"回收单元"构建成获胜所需的牌叠。单人游戏在视频游戏

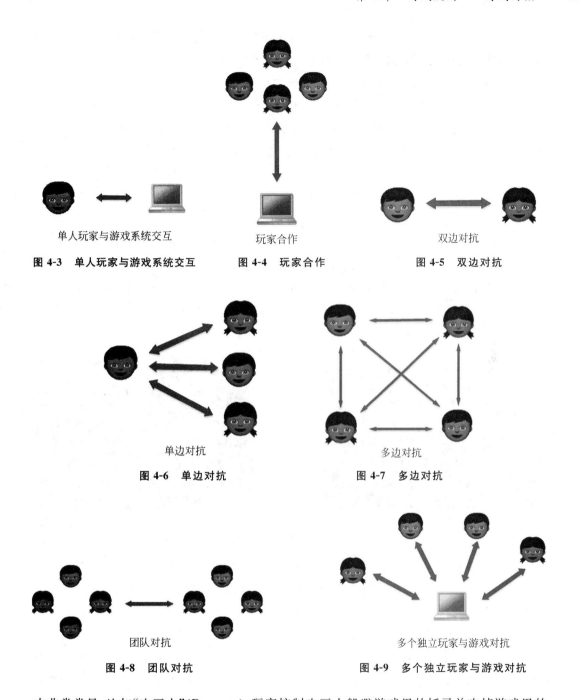

图 4-3  单人玩家与游戏系统交互  图 4-4  玩家合作  图 4-5  双边对抗

图 4-6  单边对抗  图 4-7  多边对抗

图 4-8  团队对抗  图 4-9  多个独立玩家与游戏对抗

中非常常见,比如"吃豆人"(Pac-man),玩家控制吃豆人躲避游戏里的妖灵并吃掉游戏里的所有豆子,这些妖灵都是由游戏控制的 NPC。除此之外,还有角色扮演类"仙剑奇侠传"、第三人称冒险动作类"古墓丽影"(Tomb Raider)等。在设计单人游戏时,主要是以谜题的方式出现或者是其他自动的元素来与玩家进行交互,这种玩家与游戏系统之间的对抗,有时也被称为玩家与游戏环境的对抗模式,即 PVE(Player Versus Environment)模式。

(2) **多个独立玩家与游戏进行对抗**。此类游戏的特点是玩家在游戏中没有任何联系,互不影响。最典型的应该属赌博类游戏,比如"押宝"、"轮盘赌"。每位玩家虽然都在同时进行同一局游戏,但他们是各自下注,输赢互不影响。

(3) **双边对抗**。此类游戏是指两个玩家之间一对一进行对抗的模式。比如棋类的"象棋"、"围棋",桌面游戏"开膛手杰克"(Mr. Jack)以及视频格斗类游戏"街头霸王",它们都是非常经典的双边对抗模式。这种模式具有强烈的对抗性,两位玩家之间的对抗结果是一种"零和"[①]。在设计双边对抗模式的游戏时,突出其双边的对抗性和"零和"特点,可以让游戏更有可玩性。

(4) **单边对抗**。单边对抗可以想象成"以多欺少"的玩法,也就是"多对一"的玩法。当然在游戏中处于人数"少"的位置的玩家可能拥有的资源会比人数"多"的一方丰厚一些,以达到游戏的平衡。比如牌类游戏"斗地主",原名叫作"二打一",因为两个"贫农"身份的玩家对抗一个"地主"身份的玩家而得名。但是作为"地主"可以拿到三张额外的底牌,还可以首先出牌。除此之外,还有与双边对抗玩法不同的单边对抗模式的桌面推理游戏"苏格兰场",如图 4-10 和图 4-11 所示。此类游戏既包括对抗也包括合作的玩法模式,因此可以让游戏更加扑朔迷离,更加有趣。

图 4-10　"开膛手杰克"

图 4-11　"苏格兰场"

(5) **多边对抗**。多边对抗模式的游戏是指由三个或者三个以上的玩家组成的相互制衡、相互对抗的游戏。比如牌类游戏"麻将"、交易图版类游戏"大富翁"和"卡坦岛"、即时战略类视频游戏"星际争霸"、"帝国时代"等都属于多边对抗游戏。这些游戏中的玩家是一种相互竞争、相互制约的关系,可以把这类游戏想象成"三足鼎立"的态势。

(6) **玩家合作**。这种模式是指由两个或者两个以上的玩家联合起来与游戏系统进行对抗或共同完成游戏目标的游戏。比如德国桌游设计师 Reiner Knizia[②] 设计的桌面游戏"指环王"(Lord of the Rings)便采用了这种模式,玩家在游戏中需要共同协作来共同营救"中土之地"(Middle earth)。在视频游戏中这种模式也会经常看到,比如任天堂 FC 上

---

① 假设赢为 1,输为 −1,平手为 0,那么无论输赢或者平手,其和都为 0。

② Reiner Knizia 是一位高产的游戏大师。至今已经发布超过 200 款游戏,成为世界上最高产的游戏设计师之一。他先后设计了游戏"掘金者"(Gold Digger)和"挖掘"(Digging),还有他的拍卖三部曲(Modern Art、Medici、Ra)和方块摆放三部曲(Tigris & Euphrates (1997)、Samurai(1998)、Through the Desert (1998))而著称。

双人模式的"雪人兄弟"、"魂斗罗"和"松鼠大作战"等需要两个玩家共同来消灭敌人,大规模网游"光环"则是多人共同合作来完成共同的目标,如图 4-12~图 4-14 所示。

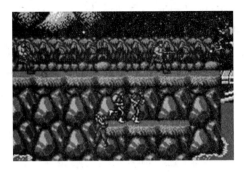

图 4-12　"魂斗罗"

图 4-13　"松鼠大作战"

(7) **团队对抗**。属于多玩家游戏,这种模式的游戏要求玩家组成不同的队伍进行对抗。这类游戏在足球、篮球、曲棍球等球类体育游戏中经常见到,还有举世闻名的"桥牌",也是采用团队协作,一致对外的对抗模式。随着计算机网络技术的发展,视频游戏也开始加入了多人团队对抗的玩法,比如"反恐精英"CS、"魔兽世界"、Dota 等。这类游戏中同一队伍中的队员需要互相配合协作来共同抵御敌方的团队。这类游戏的魅力在于除了让玩家感受到对抗带来的刺激感之外,还能锻炼玩家的团队配合能力,因此受到了广大玩家的欢迎,如图 4-15 所示。

图 4-14　"光环"

图 4-15　"反恐精英"CS

以上 7 种玩家关系互动模式各有它吸引人的地方。采用不同模式的游戏,可以让玩家感受不同的游戏体验。不同的玩家喜欢不同的玩家互动关系模式,有人喜欢玩单人游戏,享受"孤独的快感",而有人喜欢玩双边对抗游戏,因为他们觉得这样的争夺对抗更加有趣,而有的人则喜欢团队游戏,在这些游戏中他们不会感到寂寞,甚至能够得到队友的认同和赞许。

在设计一个游戏之前,先确定玩家的数量、在游戏中能够控制的化身,以及交互关系模式,可以让游戏的设计更有针对性。比如这个游戏是一个恐怖冒险类游戏,在这个游戏中希望让一个玩家感受到黑暗和阴森所带来的无助感,那么这个游戏可以设计成单人游戏。

### 4.1.4　游戏目标

从根本上讲,游戏是由若干试图完成特定目标的玩家构成的互动活动,玩家只是为了赢得奖励而迫使自己参与克服挑战并完成一系列的目标。人类是目标导向型动物,目标对于人类来说是强大的激励因素,达到目标能让人类产生满足感。因此在游戏设计过程中确定该游戏由多少个玩家进行游戏之后,接着就要确定该游戏的游戏目标是什么。

游戏目标描述了游戏的目的。为游戏设计游戏目标是让玩家在游戏中努力争取某种东西的方法。一个游戏一般都会有明确的目标,无论是得最高分,打败对手赢得比赛,从怪兽手中救出公主等都属于游戏的目标。

玩家完成任务目标,是该游戏的胜利条件,玩家不能完成目标,则是失败条件。比如第一个摧毁敌人的 5 个堡垒便可以赢得游戏,这就是该游戏的一个胜利目标,而失败条件则是没有第一个摧毁敌人的 5 个堡垒。

在 Dota 这个游戏中,它的概要游戏目标描述是:以对立的两个小队展开对战,通常是 5v5,该游戏的目标是守护自己的远古遗迹(近卫方的世界之树,天灾方的冰封王座),同时摧毁对方的远古遗迹。为了到达对方的远古遗迹,一方英雄必须战胜对方的部队、防御建筑和英雄。其中,胜利条件是摧毁对方的远古古迹并保护了己方的古迹,失败条件则是己方的古迹被敌方摧毁。

在设计目标时,需要注意以下问题。

(1) 设计游戏的目标,最重要的是保证其目标是明确的。让玩家在游戏时一目了然,而不能让玩家因为不知道游戏任务目标而像无头苍蝇般无所适从。在《游戏改变世界》这本书中,作者认为一个游戏吸引人的地方之一就是游戏比起现实生活,它更具有明确的目标。事实也是如此,在游戏的过程中要及时地为玩家传递明确的游戏目标。比如"吃豆人",玩家看到整个游戏场景就很快可以猜到其游戏目标是把所有的豆豆都吃掉。而"刺客信条"(Assassin's Creed)则会给出玩家下一个任务的明显提示,如图 4-16 和图 4-17 所示。还有比如"模拟人生"(The Sims),虽然该游戏的目标需要玩家自己去探索,但是也要或多或少地为玩家透露一些信息,比如当玩家寻找到一个目标时,给它适当的奖励来告知玩家他已经达到这个目标。

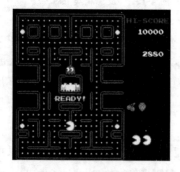

图 4-16　"吃豆人"

图 4-17　"刺客信条"

（2）游戏目标必须恰当。这里的"恰当"包括合理性、阶段性以及难度。所谓合理，就是要让玩家在朝这个目标前进的时候所采取的行为合乎游戏逻辑。比如在"刺客信条"中要刺杀或者绕过 10 个敌人便能够获得仓库里的资源，而不是要让他们进行"百人斩"才能得到那么少许的奖励。

为了让目标更加明确，同时使得每一个目标都恰到好处，往往把一个游戏目标分为：短期目标、长期目标以及次要目标。

一个游戏包括一个长期的目标，也就是大目标，玩家最终打通关就是这个游戏的长期目标，而小目标则是在某一关中要完成的短期目标。随着短期目标的累计，逐渐向长期目标接近。一般一个好的游戏都是由长期目标与短期目标组成，大目标中嵌套多个小目标，小目标中又包含更小的目标，当某一个目标不能再细分下去时，该目标则称为原子目标。就像"西游记"，唐僧师徒四人去西天取经是这个故事的大目标，历经九九八十一难的每一难是他们必须完成的小目标，在这些小目标中，还包含更多的小目标，例如火焰山一难，孙悟空必须先完成向铁扇公主借芭蕉扇这个目标，才能顺利通过火焰山。但要借到芭蕉扇，又要完成更多的小目标。还有在视频游戏"超级马里奥"中，长期目标是为了从恶魔 Bowser 手里救出公主 Toadstool，而短期目标就是让马里奥克服每一个关的障碍到达城堡，其原子目标则有很多，比如跳过深渊、躲避蘑菇等。

可以这么说，小目标是指引玩家到达大目标的指示牌。在设定每一个目标时，目标耗费时间太长或者太短都是错误的。一个目标时间太长很容易让玩家失去信心，而太短则感觉太容易完成。一个游戏中如果全是大目标很容易让玩家感觉太过沉重，太多小目标则让玩家觉得繁杂而无趣。总之，设计游戏目标时要让玩家感受到由短期目标组成的目标能够循序渐进地指引玩家完成大目标。

对于次要目标，则是在不影响其他游戏目标的情况下给玩家获得游戏奖励的一种方法。比如玩家在这个关卡中如果只利用弓箭击倒 5 个敌人，那么可以获得一个弓箭的升级部件。玩家可以选择完成次要目标来获得道具，也可以选择不去理会它，但不会影响到整个游戏的进程。如图 4-18 所示是长期目标、短期目标以及次要目标之间的关系。

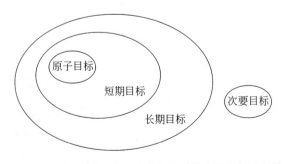

图 4-18　长期目标、短期目标、原子目标以及次要目标之间的关系

（3）目标的完成难度不能太过容易也不能太难。太容易的目标很容易让玩家感觉没

有挑战性而失去动力,如果太难玩家往往会尝试几次之后便失去了信心。一个游戏目标的难度最好是能够让玩家有"命悬一线"、"时刻濒临死亡"的紧张感。这样的设计更能激发玩家的斗志,更能让玩家体会到垂死挣扎过后大获全胜的自豪感。在设计游戏目标难度时,也要让玩家在失败的时候会认为是他们自己的失误造成的,而不是因为游戏的设计问题,比如 Flappy Bird,就是始终让玩家感觉永远是处在"死亡边缘",同时玩家失败只会认为自己操作不娴熟才会导致这种结果。这种设计也是一个游戏是否具有重玩性的重要因素之一。

总而言之,首先要让玩家知道当前的游戏目标是什么。接着要让玩家有足够的意愿去实现目标,要达到这样的效果最好的方式便是奖励机制,比如新的道具、新的级别、绚丽的画面,甚至是简单的一句鼓励或赞美的话。最后就是给玩家适度的目标指引,让他们知道做什么,如何去做。

可以在设计一个游戏任务目标时先创造出该过程的游戏起点和终点。完成这一项后,再创建玩家及其目标之间的障碍。注意不要让任务目标太难完成,应设计一个循序渐进的游戏目标,能够让玩家渐渐地沉浸在游戏中。

### 4.1.5　冲突

冲突,是对立的、互不相容的力量或性质的互相干扰。在游戏中,冲突一般指的是用于阻碍玩家直接实现游戏目标的元素。

游戏冲突可以分为暴力冲突与非暴力冲突。暴力冲突主要以打斗为主要手段,比如"街头霸王"、"使命召唤"、"战神"等视频游戏,玩家为了赢得最后的胜利,需要利用各种暴力手段来实现目的,这属于暴力冲突。也有很多游戏并不会包括暴力和血腥等内容,但仍然包含激烈的冲突,比如围棋、扑克牌等游戏,玩家之间的冲突是通过玩家利用夺取另一个玩家的资源(棋子)或者阻碍其他玩家行动能力(玩家下不了牌)来实现的。

在游戏设计中,冲突一般通过游戏障碍、对手或者"两难选择"来实现。

#### 1. 障碍

障碍是游戏最常用的冲突方法。这些障碍可以是谜题、地形障碍或者是 NPC。比如"推箱子",它的游戏障碍就是关于空间的谜题。而"超级马里奥"中的各种地形沟壑则属于地形障碍。NPC 则是可能具有人工智能、会自主向玩家化身发起攻击的对象,比如"合金弹头"里的各种敌人。这种玩家与游戏环境的对抗,也被称为 PVE (Player Versus Environment),如图 4-19～图 4-21 所示。

图 4-19　"推箱子"

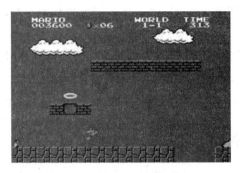

图 4-20  "超级马里奥"

图 4-21  "合金弹头"

#### 2. 对手

这类冲突主要运用在多人游戏中,其冲突来源主要是其他的玩家。当玩家与玩家之间的交互关系模式是对抗时便会产生冲突。比如"雷神之锤"(Quake)、"大富翁"、CS 等。这类游戏的玩家是多人为了共同争夺只有一个胜利席位而产生的对抗。这种玩家对玩家的对抗,也称为 PvP(Player versus Player)。

#### 3. 两难选择

这种冲突主要是反映在玩家的心理层面上。一个有趣的游戏可能会包含很多让玩家需要进行两难选择的内容,常用的是低风险低回报与高风险高回报的选择,比如玩家是否在生命垂危的时候冒着生命危险去获得挂在悬崖上的生命包,还是不去理会而安全地笔直向前走。还有在扑克游戏中是想把牌打出去还是留到后边。这些选择都需要玩家经过思量,权衡利弊之后才会做出。这些选择既包括有利的一面,同时也包含不利的一面。基本上所有好的游戏都会包括"两难选择"的成分。

### 4.1.6  奖励惩罚机制

奖励是游戏的重要组成部分,它是玩家继续玩游戏的动力之一。如果奖励设计得当,不但能够大大提高玩家玩游戏的乐趣,甚至能让玩家去做一些他们不愿做或不喜欢做的事情。奖励的这种功效足以证明它的重要作用。

一个游戏最基本的奖励是要提供给玩家具有代入感和体验感的感受,比如具有优秀的玩法规则、吸引人的美术设计都是给玩家带来趣味的最实际、最直接的奖励。一个游戏可能没有其他奖励机制,但至少必须满足该要求。"侠盗猎车手"(GTA)中没有设定目标,也没有奖励(但玩家可能会因为丢掉弹药和支付医药费而受到惩罚),但人们还是乐此不疲,因为其游戏玩法和机制本身就已经非常有趣和具有内在的奖励性。让人们不祈求任何奖励而自愿玩游戏是这类沙盒游戏的最成功之处。

玩家玩游戏的过程是一个探索与掌握游戏内技能行为的过程。为了让玩家能够逐渐熟悉游戏内的行为,最好的方法便是通过奖励与惩罚机制来塑造。知名的行为心理学家斯金纳(B. F. Skinner)利用他发明的"斯金纳箱"证明了：通过将正确的行为与奖励配对，或将错误的行为与惩罚配对都可以有效地训练动物,这一点同样适用于人类。

奖励与惩罚是告诉玩家是否完成游戏目标的重要提示。一般在玩家完成目标任务时会得到比如绚丽的画面、鼓励的声音、分数、新级别、新道具、新关卡、故事的推进等方面的奖励,而如果玩家因为不遵守游戏规则或者因自己的失误则可能会得到一定的惩罚,比

如掉装备、掉血量等惩罚。"俄罗斯方块" (Teris)中的惩罚非常简单,就是当玩家犯了错误之后没有挽回的余地,只能从当前的残局进行下去,因此这个游戏利用惩罚机制让游戏的压力感增强。而"水果忍者"则是通过分数、绚丽的画面和音效来奖励玩家,如图4-22所示。

图 4-22    "水果忍者"奖励画面

不同的奖励类型能够刺激不同阶段的玩家的兴趣。因为在游戏中奖励也满足马斯洛需求层次关系。游戏刚开始时,玩家的等级与技能可能较弱,此时可以适当多地给予他们等级升级或者技能提升等相关的奖励,同时降低游戏难度,以增加他们的安全感,当他们到达"自我实现"层次时,可以减少技能提升等奖励,而更多地给予他们更多具有挑战性的障碍,从而刺激他们的斗志。

但奖励惩罚机制设计不合理,则很有可能导致该游戏的重玩性不强,比如太多的正反馈机制[①]会使得一些处于弱势的玩家很快失去兴趣。对于固定奖励机制,当玩家获得这个奖励之后也会很快对该游戏失去玩下去的动力。

## 4.1.7    游戏资源

游戏资源对玩家来说是在游戏中有用的但却短缺的东西,玩家需要合理利用这些资源来完成游戏的目标。比如"斗地主"游戏中玩家手上有限的可利用的牌,"大富翁"中玩家所拥有的资产。一个游戏资源必须同时拥有可用性和稀缺性,才能使游戏更加有趣。如果一个资源对于玩家来说毫无作用,那么它不应该被称为资源,而只是作为装饰物存在。相反地,如果资源过多使得玩家可以任意挥霍,那么它也会失去在游戏中存在的意义。

在众多的游戏里,资源可以是各有千秋,互不相同的。接下来列举出一些常用的资源。

（1）**生命（Life）**：在早期的大多数游戏里,都会采用有限生命这个概念,它是很多游戏里最经典的稀缺资源之一。玩家需要竭尽全力保护好生命资源。当玩家在游戏中失去

---

①    正反馈,即胜利的一方可以得到更多对自己有利的奖励,而失败的一方则会失去一些资源,造成两者之间差距越来越大。

生命时,便需要重新开始。比如"超级马里奥",每位玩家在一开始拥有三条生命,当玩家
收集够 100 个金币或者吃到生命蘑菇就能够增加一条生命,可是当玩家丢掉一条性命时,
玩家需要从这一关(Level)重新开始,如果所有的生命都失去时,玩家只能回到这个世界
(World)的第一关。[①]

（2）**健康值（Health）**：有些游戏当中玩家的每一条生命里还包括健康值,只有当健康
值全部消耗完之后玩家才会失去一条生命。健康值在动作类游戏中非常常见,著名的街
机游戏"恐龙快打"就是一个例子,每一个玩家开始都有三条生命,每条生命有 100 格的健
康值。而有的游戏则是玩家只有一条具有 100 格健康值的生命,比如格斗类游戏"街头霸
王"、冒险动作类游戏"生化危机"等。利用健康值,可以更加细致地表现角色当前的动态
过程,比如健康、轻伤、重伤等,如图 4-23 和图 4-24 所示。健康值的设计允许玩家出现错
误而不会立即败下阵来,同时也会在损失了一部分健康值之后可以采用某种手段来恢复
健康值,如常用的手段是"医药箱"。

图 4-23　"恐龙快打"

图 4-24　"街头霸王"

---

① 在"超级马里奥"中,游戏总共分为 8 个世界,每个世界包含 4 个关卡。

（3）**个体**：有些游戏要求玩家操纵多个游戏对象进行游戏，每个对象具有它们自己的生命或者健康值。比如"中国象棋"，玩家需要管理属于自己的所有棋子。再者是即时

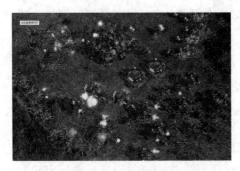

图 4-25 "星际争霸"

战略类游戏，如"星际争霸"，玩家需要利用有限的资源建造各种建筑单位、再用这些建造单位生产士兵和武器，其中每个建筑单位，士兵和武器都是一个个体。这些个体可以生产也可以升级，当然也可以死亡，如图 4-25 所示。对个体的操纵更加考验玩家的技能和思维能力。同时，设计包含这种资源的游戏在游戏平衡上需要下很大的工夫，而验证游戏平衡性的最好方法便是对游戏进行测试。

（4）**交易物**：它与现实当中的交易相类似。在桌面游戏"卡坦岛"中，最大的游戏乐趣在于可以使用交易物在玩家之间进行以物易物的交换。而有些游戏里最常用的交易物则为货币，如"刺客信条—黑旗"中玩家需要通过各种手段获得足够的货币来购买升级海盗船的道具。

（5）**动作**：有些游戏以动作限制为主要游戏规则。"中国象棋"就是一个典型的例子，游戏中不同的棋子在一个回合内只能移动有限的格数。而"跳棋"则是根据当前的游戏动态过程决定玩家能够移动的弹珠的步数。还有"飞行棋"，需要根据所掷骰子的点数来决定移动的格数。而"星际争霸"则要求把建筑单位建造在合理的地方。

（6）**时间**：制造紧张感和压力感的最好方法便是利用时间。让玩家在有限的时间内完成规定的游戏目标，进而更能挑战玩家的快速反应能力和思维能力。如在"水果忍者"街机模式中，玩家要在 60s 内尽量获得更多得分。当游戏快接近时限时，玩家的压力感更加明显。我们都非常熟悉在篮球和足球比赛中最终期限的几秒钟的紧张感。

（7）**其他资源**。除了以上常用的资源之外，很多游戏还包含地域资源、道具资源、武器资源等。地域资源的抢占在很多的即时战略类游戏中较为常见，地域资源当中可能还包括其他资源，经常使用的资源有木头、黄金、石头等建造建筑单位的资源，玩家也是为了能够占领这些地域而拼个你死我活。道具资源则是泛指能够给玩家化身提升技能或者补充健康值的物品，比如"超级马里奥"中的蘑菇可以让马里奥变大，花朵则能够让它能够发射火球，而生命蘑菇则能够增加一条生命，还有金币，收集到 100 个便能增加一条生命。在"反恐精英 CS"里，有些地图则需要玩家在地上捡起武器才能进行对抗。

## 4.1.8 举例

接下来以两个桌面游戏作为例子，分析它们的游戏规则中的主要内容。

### 1."井字棋"的游戏规则

（1）一个可以用于进行游戏的区域，可以是纸上（或者墙上、沙滩上等）的井字（由

3×3 共 9 个格子)模样的格子,以及分别代表玩家的 O 和 X 记号;

(2) 两个玩家;

(3) 玩家轮流在棋盘内画下标记;

(4) 只能在井字棋所限定的范围空白格子内留下标记;

(5) 一个玩家放置的标记能够在行或列或对角线上连成一直线,那么该玩家获胜,另一个玩家输掉游戏,如果 9 个空格都被填满,但没有赢家,那么打成平手。

从以上的游戏规则分析,该规则包括以下内容。

**玩家数量**:双人。

**玩家化身**:一方使用 X 标记,另一方使用 O 标记。

**玩家互动关系模式**:双边对抗。

**游戏目标**:先于对手实现在横向或者竖向或者对角线上三颗同样的棋子连成一条直线。

**资源**:空白的棋盘格,刚开始为 3×3＝9 个,随着游戏的进行,资源越来越少。

**规则限定**:玩家只能在 3×3 的空白棋盘格处标记自己的记号。

**奖励**:赢得胜利。

**2. "强手"(Monopoly)的游戏规则**

(1) 可 2～8 位玩家一起游戏。

(2) 开始:每位玩家有 1500 元初始资产,￥500、￥10、￥50 各两张、￥20 有 6 张、￥10、￥5、￥1 各 5 张。

(3) 掷骰:每次同时掷出两颗骰子,按照点数总和前进,如果两颗骰子的点数相同可以多一个回合,若在此回合入狱,则多出来的回合取消。连续三次点数相同直接入狱。每次到达或经过起点可领取 200 元。到达无人拥有的地皮,玩家可选择要不要购买。如不买则银行拍卖之,不限底价,到达的玩家也可参与拍卖;到达有人拥有的地皮,地主可依规定收租。

(4) 房产物业:如拥有全部同色未抵押地皮,则可以在任何玩家掷骰前选择盖房子,因掷出相同点数而得额外的回合除外。房子必须盖在同组中目前房子最少的地上,也就是说房子要平均地盖。不可以盖在已抵押的地皮上。当全部的地都盖满了 4 间房子,玩家可以选择盖旅馆。旅馆建成后 4 间房子要缴回银行。一块地最多只能盖一幢旅馆。可一次盖多间房子,甚至直升旅馆,但仍满足平均原则(旅馆视作 5 间房子)。当有多位玩家同时想盖房子,银行却没有足够的房子时,银行需逐一拍卖房子,价高者得。当其他玩家到达该房产处时,需要向房产所有人缴纳租金。

(5) 套现:玩家可以半价把房子卖给银行,卖的时候依然要保持同色地房子数量的平均,也就是说要卖房子最多的地。一幢旅馆的价值等同 5 间房子,并可分开来卖,前提是银行可以找零提供剩下的房子。此时依然要保持平均原则,也就是说若银行没有任何房子,玩家只能选择把同色地的旅馆全部卖掉。玩家可抵押地皮给银行以换取半价现金,用来抵押的地皮上不能有建筑物。抵押后的地皮不能收租,但玩家仍拥有地契。玩家可在任何玩家掷骰前赎回地皮,因掷出相同点数而得额外的回合除外。赎地时要加付抵押值10%的利息。

(6)交易:玩家之间可以进行金钱、物业和保释卡之间的交易。在任何时间,玩家可与对手交易没有建筑物的地皮,先商谈的交易先处理。玩家间不得借贷。在交易已抵押地皮后,新拥有者必须支付抵押价10%的交易税给银行,可选择马上赎回地皮,再加付抵押值10%的利息。保释卡可作交易。

(7)入狱:入狱时仍可以收租、盖房子或是交易。入狱时,玩家可在掷骰前选择用监狱通行证或是付50元罚金以马上出狱。在入狱时,唯有掷出相同的点数才能移动(出狱),此时并不会有额外的回合。在牢中的待到第三回合仍未掷出相同点数时,玩家则需付50元罚金即时出狱,并照刚掷出的点数移动。

(8)破产:如在卖出或抵押所有资产后仍无足够的现金以支付债务,则玩家宣告破产。所有资产直接转让给债主,其已抵押地皮转让给债主时,债主要马上付抵押值10%的交易税。若债主是银行,银行马上无底价拍卖所有地皮。若债主是多位玩家(如要一次付50元给其他玩家),由银行偿还债务并马上无底价拍卖所有地皮。

(9)胜利:最后一位没有破产的玩家得胜。限时结束时,总资产最高者得胜。

接下来分析这个游戏的各个构成。

**玩家数量**:2~8人。

**玩家化身**:每位玩家使用一颗不同颜色的棋子。

**玩家互动关系模式**:多边对抗。玩家之间通过竞争来获得更多的资产。

**规则限定**:玩家只能根据掷出的骰子来决定移动的步数。玩家有权利选择是否购买当前位置的地皮。玩家走到其他地产所有者的地方时需缴纳租金。走到监狱时则被判入狱,从而失去行走权利,直到满足出狱的条件。玩家在修建房产时需要遵循造房产的规则,玩家之间可以按照规则进行玩家间的资产交易等。

**游戏目标**:使得自己不破产,或者限时结束时资产最高。

**冲突**:该游戏的冲突来自障碍、对手和两难选择。游戏中的障碍比如监狱,当玩家走到此处时,玩家会失去行走的权利,直到掷出相同点数的骰子。对手冲突是来自其他玩家的制约,比如其他玩家尽可能多地购买房产使得其他玩家向他缴纳房租的概率增高。两难选择则是玩家是否需要购买地皮、是否需要建造房屋,或者需要把某处房产拍卖等。

**资源**:资金、地皮、房产、机会卡,这些都属于交易物资源,比如刚开始游戏时每位玩家拥有1500元的启动资金,但随着游戏的进行,玩家所掌握的资源也会不断变化。动作,玩家只能通过掷骰子来确定能够移动的步数。时间,"强手"游戏是有时间限制的。道具,比如保释卡。

**奖励惩罚**:玩家掷出点数相同的骰子,可以奖励一个回合,但连续三次掷出相同点数的骰子,则要锒铛入狱作为惩罚。当玩家走到属于其他玩家的地皮上时,需要按照房产规定向该地皮所有者缴纳租金。对于地皮的所有权者来说是奖励,而对于当前玩家来说是一种惩罚①。

可以看出，以上两款游戏的规则非常明确，它们的内容也比较完整。而且经过实际的检验，它们是非常出色的两款游戏。那么它们为什么有趣？是什么原因造就了这两款游戏的趣味性？这是游戏设计师感兴趣的问题。如果只是阅读它们的游戏规则，并不能看出这两款游戏是否有趣。学习已有的游戏创意和设计手法是作为一个游戏设计师必须掌握的基本技能。因此，需要一种更有效、更准确的流程思路来评估一个游戏的趣味性。目前来说，最为实用的便是由 Hunicke、LeBlanc 和 Zubek 所提出的 MDA 游戏分析框架。

# 4.2　基于 MDA 框架的游戏分析

MDA 框架是游戏设计的一种设计方法，也可以作为分析游戏的评估工具。它把一个游戏从设计到玩家体验的过程分成三个部分。该框架描述了游戏设计师设计的游戏如何把意图传达给玩家，玩家通过游戏如何获得游戏设计师为玩家带来的体验，它是连接游戏设计师与玩家的一座桥梁。

## 4.2.1　MDA 框架定义

MDA 框架的名称分别采用构成该框架的三个要素的首个英文字母来表示，分别为机制（Mechanics）、动态过程（Dynamics）以及体验（Aesthetics）。

（1）机制（Mechanics）：是游戏最基本的构成要素。在游戏中，机制就是游戏规则，即游戏中规定的玩家和玩家行为、游戏目标、冲突方式、奖惩机制以及资源等，这些内容构成了一个游戏的机制。如果是视频游戏则还包括游戏程序、数据结构以及算法。也就是说，在视频游戏中机制包括游戏规则和游戏的计算机实现逻辑。

（2）动态过程（Dynamics）：动态过程依据游戏机制产生。它描述了游戏机制的运行时，也就是玩家与游戏进行交互，以及当前的游戏动态过程以及动态过程之间的转换。动态过程其实就是一个游戏过程，玩家通过某种输入方式与游戏进行交互，游戏根据玩家当前的输入与游戏当前的动态过程经过游戏机制的判定之后为玩家输出该行为作用在游戏中的结果。接着玩家再根据该结果再次进行策略判断，做出下一个输入的依据。在视频游戏中游戏的动态过程包含程序运行时和玩家与游戏的交互过程，也就是一系列的反馈循环。

（3）体验（Aesthetics）：也就是该游戏的核心体验，或者说游戏为玩家带来的体验所获得的某种感受（比如某种满足感、成就感、自豪感等）。体验是一种美学，它通过游戏动态过程表现出来。体验描述了玩家在玩游戏的过程中游戏给玩家所带来的情感变化，也就是游戏带给玩家的影响，这些情感主要指当前的游戏动态过程是让玩家感

---

① 该规则目前被证明是一种较为偏激的正反馈奖励，可能会造成富者越富，穷者越穷的情况。从而造成处于弱势地位的玩家很快对游戏失去兴趣。

觉有趣还是无聊。游戏总是通过刺激心理和生理的反应来创造体验,这也是游戏设计的最终目的。

这三者是分开但是又是关联的,机制是动态过程的依据,而体验则是由动态过程产生的,如图 4-26 所示。

图 4-26　MDA 结构

## 4.2.2　审视游戏的不同角度

游戏设计师在设计游戏时,如何知道它们所设计的内容是否达到预想的效果,如何评估这个内容是否给玩家带来有趣的体验? 要回答这个问题,也许可以借助 MDA 框架来寻找答案。MDA 就像是一个可以用来观察和分析游戏的透镜或者是窗口,透过它,能够更清晰地审视该游戏如何给玩家带来体验。MDA 从游戏设计师和玩家出发提出了对游戏进行审视的两种角度。

从游戏设计师的角度看,游戏设计师在设计游戏的过程中只直接设计游戏机制,动态过程和体验只有在游戏运行时根据设计好的游戏机制体现出来。也就是说,游戏设计师不能够直接设计出一个游戏的体验,但游戏设计师能够设计出产生游戏动态过程和游戏体验的机制,至于动态过程和体验是否达到预期效果,游戏设计师只有通过经验来预测或者通过对游戏进行测试才能了解得知。从这个角度出发,着重强调的是当在对游戏进行内容添加或者修改时都要进行测试以评估当前所做改变的预期效果。

从玩家的角度看,玩家在玩游戏的时候,首先感受到的是由游戏机制和游戏动态过程所产生的游戏体验,但不会直接注意到游戏动态过程和游戏规则的存在。这也可以说明,玩家在玩一款游戏时能够表达出该游戏是否有趣的感受,但却说不出有趣或者无聊的原因。如果玩家想继续探究为什么某个游戏有趣时,那么花一段时间可能会了解他们感受到的这些有趣是由游戏动态过程产生,如果再深入研究,可能会更清楚地了解这些能够产生良好体验的游戏动态过程是由游戏机制产生的,如图 4-27 所示。

图 4-27　游戏设计师与玩家角度的不同

可以把 MDA 想象成一个球体,机制(Mechanics)是球心,动态过程(Dynamics)包裹在机制外面,体验(Aesthetics)则构成了该球体的表层。机制是抽象的,而体验则是动态过程的,动态过程则是链接这两者的桥梁,如图 4-28 所示。

从玩家来看,玩家直接接触到表层。作为设计师,则是由机制出发,所有的游戏内容都根据该机制向外延伸。采用 MDA 框架的方法,归根结底强调的是"以玩家为中心"和"迭代开发"的设计方法。要做到这一点,设计师有必要了解这两种不同的审视角度,否则很容易设计出一个对设计师自己来说有趣,但对玩家来说却很糟糕的游戏。

## 4.2.3　利用 MDA 对游戏进行分析

后人只有站在前人肩膀上远眺,人类才得以进步。在游戏设计行业中也不例外,多玩一些游戏,学习前人的优秀游戏作品,汲取他们的设计精华,可以让我们少

**图 4-28　机制、动态过程、体验的球形关系**

走弯路,同时也可以为我们提供更多灵感。学习其他设计师的经验,需要学会对一个游戏进行分析。分析游戏与单纯地玩游戏有很大的差别。单纯玩游戏只停留在游戏的体验表面,并不能学习到任何有用的知识。相反地,分析游戏也不能单纯地去阅读它的游戏规则,这对游戏设计也没有太大的帮助。

利用 MDA 从玩家的角度出发是最好的方法。该方法从玩家的角度出发,从最为直观的游戏体验开始,逐渐深入到游戏表现,再由动态过程深入到游戏的机制内去探究这些机制是如何产生游戏体验的。

因为"乐趣"这个词过于宽泛以至于不能准确地表达玩家在体验游戏的过程中享受的是哪种"乐趣",因此用更具体的词汇来表述和划分不同的"乐趣"不失是一种可行的方法。目前在游戏行业把游戏能够给玩家带来的乐趣体验划分为以下 8 种类型[①]。

(1) 感官体验(Sensation):指为玩家带来视觉、听觉、触觉等感官上的刺激。

(2) 幻想体验(Fantasy):指为玩家带来身临其境的、令人信服的沉浸虚拟空间。

(3) 情节体验(Narrative):指为玩家带来跌宕起伏、引人入胜的故事情节。

(4) 挑战体验(Challenge):游戏通过为玩家设置障碍来激发玩家克服障碍的热情。

(5) 社交体验(Fellowship):利用游戏为玩家提供玩家与玩家之间进行互动的体验。

(6) 探索(Discovery):指游戏提供一些未知领域来激发玩家的好奇心和探索欲望。

(7) 自我表现(Expression):有些游戏允许玩家通过个性化设定来实现自我表现的愿望,甚至塑造自己的虚拟形象。

---

① 乐趣体验也就是游戏的核心体验,该分类由 MDA 的作者所提出,但他们也承认该划分还有不完善之处。目前还没有一个统一的划分方法。在第 3 章中,列举了 11 种游戏核心体验,其划分更加详细。在这一章中,将采取 MDA 作者的划分方法以更加简单易懂一些。

（8）休闲（Submission）：有些游戏主要的目的只是为玩家提供消磨无聊时间的方式。

一个游戏可以只包含一个乐趣，也可以包括多种类型的乐趣，比如"成语接龙"游戏具有的乐趣有社交和挑战；"刺客信条"具有的乐趣是幻想、挑战、剧情、探索[1]；"模拟人生"则包括探索、幻想、剧情、自我表现。从以上三个游戏可以看出，每一款游戏可以包含很多的游戏体验类型，但会有所侧重。"成语接龙"更加强调社交乐趣，"模拟人生"强调的是自我表现，而"刺客信条"则是强调挑战、剧情和探索。

只要明确表达出一个游戏能够给玩家带来何种体验乐趣之后，便可以探究产生游戏体验的游戏动态过程，分析该游戏的什么游戏动态过程为玩家带来了这种体验。

在对一个游戏进行分析时，可以根据以下步骤进行。

（1）了解该游戏的大致内容，也就是该游戏是关于什么的，它可以是核心体验或者是游戏主题。

（2）体验游戏并总结该游戏能够带来的乐趣。

（3）分析能够带来这些乐趣的游戏动态过程是什么。

（4）得出这些游戏动态过程所依据的游戏机制。

接下来以"刺客信条3"为例说明如何利用MDA进行分析，如图4-29所示。

图 4-29　"刺客信条 3"

（1）"刺客信条3"主题：主题设定在18世纪中后期的美洲大陆。玩家将扮演名为康纳的刺客，在独立战争时期的美国各地展开冒险，并将亲历革命时期的各类重要事件。

在利用MDA对游戏进行分析时，常常使用表格的方式来表达，从玩家的角度出发，自左向右，最左边是体验，中间是动态过程，最右边为游戏机制，以下是该游戏的分析结果。

（2）核心体验以及生成体验的动态过程与机制[2]：

① 挑战（Challenge），如表 4-1 所示。

---

① 在"刺客信条：黑旗"中甚至加强了网络社交功能的乐趣。
② 该表由 GA 游戏教育提供，http://www.gamea.com.cn/。

表 4-1 挑战分析

| 体验（Aesthetic） | 动态过程（Dynamic） | 二级动态过程分解（Subdynamic） | | 机制（Mechanics） |
|---|---|---|---|---|
| 挑战（Challenge）：玩家通过在游戏过程中寻找规律，在不被敌人发现的情况下完成潜行暗杀，并且获得成就感 | 1. 敌人较容易发现玩家 | 1.1 | 敌人 NPC 拥有较宽的视野 | 敌人 NPC 的视野范围值 |
| | | 1.2 | 敌人 NPC 巡逻路线密集 | AI 巡逻路线设置 |
| | | 1.3 | 玩家拥有恶名值，值越高越容易被发现 | 玩家恶名值与被发现的概率的关系 |
| | 2. 玩家通过观察能够发现敌人的运动规律以及地图周围环境 | 2.1 | 玩家可以观察敌人的移动规律 | 玩家通过屏幕画面进行观察 |
| | | 2.2 | 敌人 NPC 移动具有一定重复性 | 敌人的 AI 巡逻机制，当没发现玩家时按照设定的路线巡逻，当发现玩家时会朝玩家追来并射击，如果跟丢玩家则搜索一定时间之后重新回到巡逻路线上 |
| | | 2.3 | 敌人 NPC 预警时间有一定延迟 | 敌人的预警延迟时间以及其他延迟机制 |
| | | 2.4 | 游戏中有道具可使玩家隐藏 | 潜行系统中特定隐藏机制 |
| | 3. 玩家利用环境作为庇护，通过操作规避或者杀死敌人从而完成潜行暗杀 | 3.1 | 玩家可以通过攀爬从不被敌人发现的地方通过 | 玩家角色具有特定的移动系统和攀爬系统 |
| | | 3.2 | 玩家可以利用敌人 NPC 预警时间延迟迅速隐藏 | 玩家角色具有潜行隐藏机制 |
| | | 3.3 | 玩家可以在隐藏位置暗杀敌人 | 玩家角色具有设定的暗杀系统、武器系统和攻击系统 |

② 探索（Discovery），如表 4-2 所示。

表 4-2 探索分析

| 体验（Aesthetic） | 动态过程（Dynamic） | 一级动态过程分解（Subdynamic） | | 机制（Mechanics） |
|---|---|---|---|---|
| 探索（Discovery）：玩家通过探索地图，以不同方式战斗以及尝试经验庄园从而获得不同的结果，得到惊喜 | 1. 玩家探索地图从中获得宝物以及支线剧情 | 1.1 | 游戏拥有较大的地图 | 游戏的地图范围设定 |
| | | 1.2 | 游戏拥有各种支线任务 | 支线任务与主线剧情分开 |
| | | 1.3 | 不同的探索方式 | 有不同的探索方式，如陆路或者海路等 |
| | 2. 玩家通过观察，尝试着使用不同的武器或者对不同敌人进行攻击 | 2.1 | 玩家可以观察多个敌人的行为 | 无锁定的动态视角 |
| | | 2.2 | 玩家能够对敌人的进攻行为做出不同的反应动作 | 游戏拥有武器系统和战斗系统 |
| | | 2.3 | 玩家在航海系统中使用不同弹药对敌人造成不同的伤害 | 航海系统中的特定战斗系统 |
| | 3. 玩家可以尝试经营自己的庄园来获得不同装备、物品道具和资金等资源 | 3.1 | 玩家能够通过打猎获取资源 | 游戏拥有狩猎系统 |
| | | 3.2 | 玩家能够制造货物或者通过买卖获得金钱或装备 | 游戏道具系统以及财产系统 |

③ 幻想、剧情(Narrative),如表 4-3 所示。

表 4-3    幻想、剧情分析

| 体验(Aesthetic) | 动态过程(Dynamic) | 机制(Mechanics) |
| --- | --- | --- |
| 剧情(Narrative):通过独立战争背景下圣殿骑士与刺客组织之间的战斗为主线,让玩家有一种身在江湖身不由己的感觉,并被跌宕起伏的剧情所吸引。每完成一个目标,游戏的剧情便向前推进一步 | 1. 美国独立战争背景下以圣殿骑士和刺客组织的斗争为主线的剧情 2. 康纳与自己父亲海尔森之间的矛盾 3. 康纳与美国历史人物之间的关系和纠葛 | 游戏的任务系统:触发剧情动画;游戏环境系统:四季的变化以及环境变化;游戏旁白系统 |

窥一斑而知全豹,从玩家获得的游戏体验出发,自左而右可以逐渐看清游戏的机制原理。通过表格,能够更好地反映整个游戏的分析过程:首先是体验,然后从体验中深入获取产生这些特定体验的动态过程,接着再由这些动态过程去归纳出该游戏的游戏机制。这里需要强调的是,这张分析表可以无限地细化下去,在上面的表中,只对动态过程进行了一级细分,这里把该细分过程称为一级动态过程细分(SubDynamics),它只是对上面一层的动态进行更进一步的分解而已。以"挑战"体验中的"敌人容易发现玩家"这一动态过程为例,游戏通过 NPC 的视野范围、巡逻密度和玩家的恶名值来实现。MDA 分解得越仔细,游戏的轮廓就越清晰,越能领会游戏的运行机制,甚至可以形成几乎接近完整游戏的策划方案。

# 小结

游戏规则,也称为游戏机制,是一个游戏最基本的核心,它使得一个游戏成为一个真正意义上的游戏,它决定了这个游戏的玩法,决定了一个游戏区别于另一个游戏,也是这个游戏产生娱乐性的最根本原因。

一个合格的游戏规则,首先它能规定玩家的行为;接着就是游戏规则必须是明确完整的,不能带有歧义或者是含糊的;最后是一个游戏规则必须让玩家感觉对他们都是公平的。

在一个游戏规则中,它规定了该玩家的数量、玩家化身以及玩家的互动关系模式。

从根本上讲,游戏是由若干试图完成特定目标的玩家构成的互动活动,玩家只是为了赢得奖励而迫使自己参与克服挑战并完成一系列的目标。在设定游戏的目标时要保证它们是明确的、恰当的。

冲突,是对立的、互不相容的力量或性质的互相干扰。在游戏中,冲突一般指的是用于阻碍玩家直接实现游戏目标的元素。障碍、对手和两难选择一般是构成游戏冲突的重要因素。

奖励是游戏的重要组成部分,如果奖励设计得当,能够大大提高玩家玩游戏的乐趣,它也是激励玩家继续玩游戏的动力之一。它甚至能够让玩家去做一些他们不愿做或不喜欢做的事情。一个游戏最基本的奖励是要提供给玩家具有代入感和体验感的感受；塑造玩家的技能最好的方法就是通过奖励与惩罚机制来完成；奖励与惩罚也是玩家是否完成游戏目标的重要提示；不同的奖励类型能够刺激不同阶段的玩家的兴趣。因为在游戏中奖励也满足马斯洛需求层次关系；但奖励惩罚机制设计不合理，会导致该游戏的重玩性不强。

一个游戏资源必须同时拥有可用性和稀缺性，才能使游戏更加有趣。游戏资源是对于玩家在游戏中那些有用的但却是短缺的东西，玩家需要合理利用这些资源来完成游戏的目标。

MDA 的名称分别采用构成该框架的三个要素的首个英文字母来表示，分别为机制（Mechanics）、动态过程（Dynamics）以及体验（Aesthetics）。这三者是分开但又是关联的，机制是动态过程的依据，而体验则是由动态过程产生。它是游戏设计的一种设计方法，也可以作为分析游戏的评估工具。该框架对于设计师来说主要强调设计师需要利用迭代测试的方法来设计游戏，同时在分析一个现有的游戏时，需要从玩家的角度出发逐渐深入到游戏机制。

# 作业

1. 合格的游戏规则应该达到的基本要求是什么？
2. 游戏中的玩家数量以及他们之间的关系如何影响游戏的乐趣？
3. 游戏目标的设计要点是什么？
4. 什么是胜利条件？什么是失败条件？
5. 列举出 5 个你喜欢的游戏，写出它们的长期目标与短期目标，如果有次要目标，也请列出。
6. 以《西游记》中的一个情节为主题，设计一个关于该主题的游戏目标。
7. 在游戏中，冲突是什么？游戏冲突可以分为什么类型？游戏中的冲突一般通过什么方式来实现？
8. 游戏世界观是什么？它在游戏中起到什么作用？
9. 阅读文章 *Behavioral Game Design*，总结出什么样的奖励能持续让玩家保持热情。
10. 游戏中常用的资源是什么？列举出你喜欢的一款游戏中的资源。
11. 试玩"开膛手杰克"和"苏格兰场"，了解该游戏的规则。
12. MDA 是一个什么样的框架？它的作用是什么？
13. 试利用 MDA 对你喜欢的一款游戏进行分析。

# 第 5 章
# 游戏可玩性

游戏可玩性由游戏障碍(挑战)、玩家技能以及反馈机制构成。其中,游戏挑战几乎是所有游戏乐趣的根源,它是制造游戏玩点的重要组成部分。假设在"超级马里奥"中,整个游戏只是让马里奥很顺利地走向城堡,途中没有任何怪物阻挡,这个游戏便失去了乐趣。

游戏利用各种游戏的挑战或者障碍来阻碍玩家实现目标,玩家利用所拥有的技能或资源来攻克这些挑战以完成任务,并从中获得成就感。玩家玩游戏重要的不是最终拯救了世界,而是拯救世界的过程。这就是游戏可玩性给玩家带来乐趣的主要过程。

## 5.1 障碍(挑战)类型

游戏障碍是指用于阻止玩家实现目标的元素。游戏中的障碍一般可分为三种:地形障碍、NPC障碍以及谜题。

### 5.1.1 地形障碍

跳台类型游戏以地形障碍著称。其中以宫本茂的"大金刚"、"超级马里奥"最为出名。在这类游戏中玩家通过跳跃来躲避或者越过间隙、高低水管、移动平台等各种地形障碍,如图 5-1 所示。

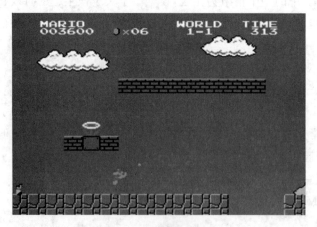

图 5-1 "超级马里奥"

对于经典的跳台类游戏来说,被作为地形障碍使用的主要有平台、陷阱和机关这三种类型,通过这三种类型的地形障碍,可以组合成更加复杂多变的关卡和不同难度的障碍。

### 1. 平台

平台是可以支撑玩家化身的一种道具,玩家在平台上可以行走、跳跃。它可细化为静态平台和动态平台两种。

(1) 静态平台始终处于静止状态,平地、楼梯、高低地形都属于静态平台。玩家在这种类型的平台上只要简单地行走或者跳跃便能通过。在这个平台上,非常适合玩家休息、作为屏障或者放置其他的障碍,比如"超级马里奥"中来回行走的栗子头就常放在静止平台上。

(2) 动态平台。在游戏过程中处于运动状态,它可以上下移动,也可以左右移动,还可以是旋转、摇摆等任何运动的方式。玩家越过动态平台时比越过静态平台更需要把握时机,掌握节奏,因此其难度要比静态平台难,更考验玩家的时机把握能力,如图 5-2 所示。

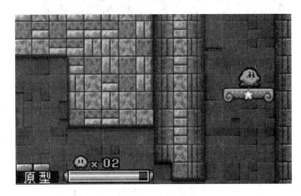

图 5-2　动态平台

### 2. 陷阱

如果说平台是一马平川的话,那么陷阱就是充满荆棘的地方。比如尖刺、喷射的火焰、往下掉的石头、冒毒气或者岩浆的火山口等比较危险的东西。当玩家踩到或者碰到陷阱时可能会对化身产生危险。这些陷阱也可以是静态的或者是动态的。比如"超级马里奥"中从水管中冒出来的食人花就是一种动态的陷阱。而"波斯王子"中王子掉到充满尖刀的陷阱中则是静态的陷阱,如图 5-3 所示。

### 3. 机关

机关是玩家化身触发的某些行为的道具,机关更突出了玩家与游戏障碍的互动。机关可能是对完成任务有益的,也可能是玩家需要避开的或者需要克服的障碍。如玩家用一个石头压在松动的石板上可以把前方的大门打开,或者玩家踩到不稳定的地面会发生坍塌;还有玩家碰到墙上的按钮时,前方的电锯就会转动起来等。如"波斯王——时之沙"

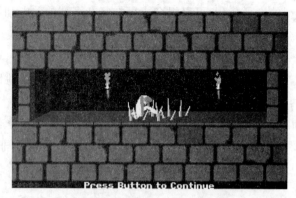

图 5-3　"波斯王子"1 代的陷阱

里边就融入了很多机关元素,如图 5-4 所示。

图 5-4　"波斯王子——时之沙"中的机关

　　在采用地形障碍时要能够对应玩家当前所具有的技能,比如玩家当前具有跳跃的技能,那么便可以在这个场景中加入沟壑或高低地面,但这个沟壑的宽度是多少,也需要根据玩家能够跳多远为依据。再有玩家目前具有空中第二次跳跃的技能,那么平台与平台的高度可以设计成需要利用空中第二次跳跃的技能来通过。

### 5.1.2　NPC 障碍

　　NPC,即非玩家控制角色(Non Player Character),也就是不由玩家控制的角色。针对 NPC 的划分,较流行的分法为:剧情 NPC、功能性 NPC 以及任务 NPC。

　　剧情 NPC 是游戏剧情中用于推动故事情节发展的元素,这种 NPC 在 RPG 类游戏中大量出现,比如"仙剑奇侠传 1"中李逍遥的姊姊,"塞尔达传说 2:林克的冒险"中指路的村民,都是起到推动故事发展的剧情 NPC,如图 5-5 所示。

　　功能性 NPC 是在游戏中起到某种作用的元素。有些 NPC 是反派,敌对势力,用于阻止玩家前进或者会对玩家化身的生命造成威胁,比如"超级马里奥"中的板栗头、绿乌龟、

**图 5-5　"仙剑奇侠传 1"中李逍遥的婶婶**

红鱼、食人花、快乐云以及从快乐云中掉下来的刺猬等,玩家要么消灭它要么躲开它。有些功能性 NPC 则是友好的,对玩家化身的成长有帮助,比如出售武器的铁匠、出售药品的药店商人等起到买卖、技能学习等作用的 NPC,玩家可以跟这些 NPC 对话,也可以从这些 NPC 身上获得某些收获。

任务 NPC 是承载让玩家实现目标的一种元素。如在"刺客信条—黑旗"中,角色必须杀死带有仓库钥匙的巡逻兵并拿到钥匙才能把存有资源的仓库打开。有些任务 NPC 也许玩家不必要刻意去消灭它,但是打败它可以获得一些奖励。

在早期的游戏中,NPC 只能朝着某个方位移动或执行某个特定的活动,所以玩家可以很快掌握它们的活动模式,从而避开它或者消灭它。现在的游戏 NPC 则越来越聪明,甚至能够根据玩家在游戏世界中的行为采取相应的行动。如巡逻兵在未发现角色时会按一定的路线巡逻,当察觉玩家时,则马上对玩家发起进攻,如果玩家朝它开枪但却没打死它,它会变得狂怒并开始到处搜寻玩家。现在很多潜行类游戏都采用了这种 AI 技术,使得玩家在通过某个区域时必须时刻保持谨慎,避免被敌人发现。利用具有人工智能的NPC 并合理安排他们的布局,让玩家俨如面对的是一个需要解开的谜题,要解开这个"谜题"只能靠观察来寻找突破口,这种设计使得游戏更具可玩性和刺激感。

在很多游戏公司的策划文档中,会把任务 NPC、功能 NPC 和剧情 NPC 的文档分开(包括功能 NPC 中的敌对和友好也是分开的),这种归类有助于游戏的设计和实现,因此一般这三大类 NPC 之间的作用一般交集较少。比如一个铁匠 NPC 不会同时具有攻击性。

## 5.1.3　谜题障碍

谜题是需要玩家利用他们的逻辑判断能力和耐心来解决障碍从而获得成就感的一种手段。

有些游戏整个内容都是以谜题为障碍,如"推箱子"、"填字游戏"就是由考验玩家思维的谜题组成的。有些游戏则是把谜题作为"迷你游戏"嵌入到更大型的游戏环境中,主要起到调节节奏气氛或者增加游戏趣味性的作用,比如"生化危机"、"古墓丽影"等大型第三人称冒险类游戏都包含很多的谜题游戏。

谜题根据内容大致可分为谜语、发散思维谜题、空间推理谜题、模式辨析谜题、逻辑推理谜题、探索和道具使用。

### 1. 谜语

根据字典的解释是指暗射事物或文字等供人猜测的隐语。"一斗米(猜一个字)"、"一点起飞(打一水果)"[①]这两个例子就属于谜语,玩家通过谜面来猜出谜底。虽然谜语历经千年,经久不衰,是人们消遣娱乐的常见方式,但从视频游戏的角度看,谜语的重玩性并不高。

不能否认,当玩家绞尽脑汁第一次猜出一个谜语时会获得满足感,此时玩家便知道了这个谜语的答案,对于该玩家来说其乐趣便丧失了;再者,游戏设计师设计一个谜语需要消耗大量的时间和精力;最后,谜语可能造成玩家猜不出谜底,玩家要么永远卡在这里,要么只能通过查找资料来获得谜底,这种被迫中断游戏的情况会严重影响游戏的沉浸感。谜语的这种属性,造成了谜语在视频游戏中出现的频率越来越少。

如果非要使用谜语,可以使用一些技巧减少谜语的副作用。

(1)削弱谜语对游戏进程的影响。把谜语当成一把打开宝箱的钥匙是一个很好的办法,玩家猜对了可以获得某些有用的道具或者奖励,但该道具对整个游戏的进程并无明显的影响。

(2)为玩家提供必要的提示线索。在解密类游戏"未上锁的房间"(The Room)中,当玩家长时间未解除某一个谜题时,游戏会不断为玩家做出提示,尽最大可能避免玩家解决不了问题而感到沮丧,如图5-6所示。

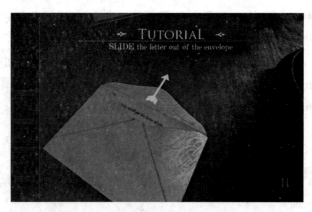

图 5-6　"未上锁的房间"(The Room)的提示

(3)提供更多的选择方案。当把一个谜语放在关键位置时,让玩家自己选择是否用解答谜题或者克服其他障碍来通过。RPG游戏"龙与地下城"中,当玩家碰到狮身人面兽

---

① 　谜底分别是"料"和"龙眼"。

时,玩家可以选择回答谜语过关,也可以选择进攻来打败它。

### 2．发散思维谜题

该类谜题需要玩家打破常规,对谜面做出大胆的假设来解开谜题。来看如图 5-7 所示的例子。

玩家第一次碰到这个谜题时,第一直觉会认为至少需要 5 条线段才能连接所有的点,所以对于该玩家来说此题无解。此时如果玩家还是不知道如何破解这个谜题,那么玩家将永远卡在这里。

究其原因,玩家认为这些线段都不能超过这些点构成的正方形之外。但如果把这个假设去掉,那么该谜题便很好解决了,如图 5-8 所示。

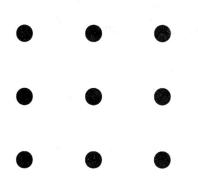 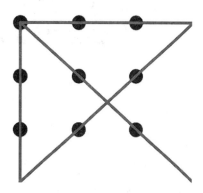

图 5-7 用 4 条线段把图中的 9 个点连接起来　　　图 5-8 连点游戏答案

现在玩家知道答案了,如果再让他们来玩这个谜题,与谜语相同,玩家此时已经知道答案,该谜题也随即丧失了重玩的价值。如果非要加入此种类型的谜题,也可以采取谜语的设计技巧。

### 3．空间推理谜题

解开此类谜题需要玩家利用空间想象能力和逻辑判断能力。"俄罗斯方块"、"接水管"、"推箱子"等都是典型的空间推理谜题。空间推理谜题无论从互动感还是可重玩性方面都要超过谜语之类的谜题,而且能够更好地融入游戏主题当中,所以现在很多大型的冒险动作类游戏也大量加入空间推理谜题,如在"恐龙危机"里,玩家在一个仓库场景里,需要把集装箱按照一定的规律推开,才能顺利通过,如图 5-9 所示。

图 5-9 "恐龙危机"

### 4．模式辨析谜题

玩家从游戏环境中经过辨析来得到答案,该类游戏主要考验的是玩家的眼力和反应能力。比如"找茬"，就是要求玩家在规定时间内在两张非常相似的图片中找出微小的不同点。"找你妹"则是要求玩家按照要求找出场景中所有相关的物体。而消除类游戏也属于模式辨析谜题类型，除此还有大量的图像解密类游戏，要求玩家在一个场景中寻找到需要的物件，如图5-10所示。

图5-10    "找你妹"

### 5. 逻辑推理谜题

这类谜题要求玩家从游戏所提供的各种信息中推理出答案。这类谜题主要考验的是玩家的洞察力和智慧。逻辑推理谜题在很多密室逃脱类游戏和侦探类游戏中大量出现。假设有一个游戏场景，主角牵着两只羊要过河到小岛上的家，家门口有一只看门的狗，河边只有一条小船，这只船每次只能载一个人和一只动物。同时如果主角不在的话，狗会把羊吃掉。为了保证能够顺利渡河而且两只羊都不会被狗吃掉，玩家应该采取什么样的策略呢？上面的这个例子就是一个需要逻辑推理能力来解决的谜题。

### 6. 探索

探索是游戏的核心体验之一。玩家通过对游戏环境的探索从而获得出路或者获得资源、道具。玩家可能需要在地图里寻找某些武器来武装自己，或者找到某个神秘人物。比如"仙剑奇侠传"中的迷宫、"魔兽世界"的大型地图，都能激起玩家探知未知世界的欲望。而"僵尸末日"（dayz）和"侠盗猎车手"（GTA）则为玩家提供了自由度非常高的探索区域。探索这种方式的玩法也有一定的副作用，如玩家不能寻找到正确的方法可能就会卡在某个地方，如迷宫走不出去、物品没找到等情况也经常发生。因此适当为玩家提供线索也是有必要的，这种提醒可以是路标或者其他比较明显的标记。

### 7. 道具使用

这种谜题需要玩家寻找到合适的道具并按照一定的规则进行组合，才能进行下一个过程。在道具使用上，"福尔摩斯：觉醒"是一个典型的例子：福尔摩斯来到港口的一个仓库门前，门被里边横着的门闩锁住了。福尔摩斯手中现在只有一根绳子，经过四周的搜索发现一个铁钩,把铁钩捡起来后用绳子绑紧,接着把铁钩从门上面的窗户甩进去,勾住门闩把它拉开。这样门才会打开。从这个例子看出,玩家需要通过观察来寻找道具,加上道具的配合使用才能把某个谜题解开。当然,如果玩家未能找到答案,也可能会卡在某处而感到懊恼,与其他谜题一样,适当的提醒能够减少这种情况的发生。如福尔摩斯遇到门闩这个问题时,他喃喃自语地说:"也许有什么办法可以把门后的门闩给弄掉"。这样,玩家就会更加明确问题所在了。

在往游戏中嵌入各种谜题时,需要注意以下几点。

(1)不能破坏原来游戏的节奏。在"雷神之锤"这类以快速反应能力为核心体验的游戏中加入要花时间进行思考的谜题小游戏是一种错误的做法。

(2)有明确的目标。只有让玩家知道这个谜题的目标,才能指引玩家朝正确的方向进行思考。比如"数独",玩家需要首先知道完成游戏需要使得横、竖、斜各方向上的数相加等于某个数。

(3)有清晰的规则。清晰的规则让玩家知道能干什么,不能干什么。例如在"生化危机"中,玩家要把三根断开的电线接上。虽然游戏中并没有提示玩家需要遵照哪些规则,但从红、黄、绿三种不同颜色的电线便能一目了然,玩家只要把电线接在相同颜色的断线上,如果玩家接错会得到跳闸的反馈。

(4)难度适中。对于玩家来说,玩游戏中的谜题是要享受经过思考之后得到答案的那一瞬间的成就感。如果一个谜题太难造成玩家解不出,那么就会成为一个"卡点",玩家可能需要去网络上寻找攻略,或者干脆退出游戏。相反,难度太低的谜题对玩家来说便失去了挑战的乐趣。此时这个谜题就显得有些多余。因此,难度适中的游戏能够减轻玩家的沮丧感,提高玩家的驻留时间。

## 5.2 玩家技能

玩家技能是游戏提供给玩家用于克服游戏障碍的方式。它也是让玩家充分体现玩家性格的重要手段。玩家在"拳皇"中依靠直觉来快速采取行动,在"星际争霸"中则需要深思熟虑之后采取或攻或守的打法,然而在"押宝"的赌博游戏中直接就把输赢依托给骰子。敏捷、策略与依靠运气是游戏中最基本也是常用的玩家技能玩法。

### 5.2.1 敏捷技能机制

快速反应技能要求玩家快速思考、快速做出判断和行动。在玩此类游戏时,玩家往往需要根据条件反射来做出快速反应[1]。在早期的游戏中,如 Pong、"打砖块"(Breakout)、"俄罗斯方块"、"魂斗罗"、"双截龙"、"街头霸王"等,都要求玩家眼疾手快,快速做出判断

---

① 由条件反射做出的行为也称为"反射行为"。

并重复、准确地"砸"按钮,因此有人也把包含大量快速反应机制的游戏统称为"抽搐类"[1]游戏或者"急动"[2]游戏。此类游戏几乎按照玩家反应的速度发生。玩家根本没有时间来考虑复杂的策略或者制定周全的计划。

考验玩家敏捷能力的方式有很多种类型,不同类型的机制方式给玩家带来不同的游戏体验。

### 1. 纯速度技能

这类游戏要求玩家在一个时间段内执行尽可能多的操作。比如在体育竞速类游戏"夏季挑战:田径竞标赛"中,玩家按键的速度决定了短跑运动员的跑速。在"拳皇"这类格斗类游戏中,玩家出拳的速度也决定了能给对手造成多少伤害,如图 5-11 所示。

图 5-11 "拳皇"

### 2. 精准技能

玩此类游戏时,玩家在做出某些动作时除了要求快速之外,还需要做到准确。这种技能在射击、动作类游戏中较为常见。如 CS、"使命召唤",玩家除了快速移动之外还要瞄准敌人开枪。而"街头霸王"则是要求玩家准确地做出躲避、出击等动作,如图 5-12 所示。

图 5-12 "使命召唤"

---

① 因为这类游戏需要大量重复性地敲击键盘,所以有人调侃这类游戏为"键盘杀手"。
② Brenda Brathwaite,Ian Schreiber. Challenges of Game Designers.

### 3．躲避技能

如"合金弹头"(Mental Slug)中，敌人的出现数量非常多，进攻的频率非常大，玩家在及时消灭敌人的前提下，也要躲避敌人的进攻，否则就要丢掉性命。而有的游戏则以纯粹的躲避作为核心体验。例如"神庙逃亡"(Temple Run)，角色奔跑是游戏自动控制的，但是玩家要及时做出左移右移、弹跳和俯冲的动作，如图 5-13 所示。

图 5-13　"神庙逃亡"(Temple Run)

### 4．节奏感知

在很多的音乐类游戏中，玩家需要拿捏音乐的节奏并在鼓点上按下准确的按键。比如"节奏大师"、"跳舞毯"等都需要有比较好的节奏感。而"像素鸟"(Flappy Bird)则除了要有敏捷的反应能力之外，还需要掌握好水管出现的节奏，如图 5-14 所示。

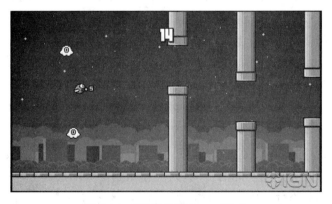

图 5-14　"像素鸟"(Flappy Bird)

### 5．计时、限时压力

给游戏加入计时、限时元素，可以很方便地调节游戏的难易程度。在一个限制的时间段内要求玩家完成某些任务可以提高玩家的紧张感。当游戏所给的时间比较充裕时，玩家可以花时间进行思考，如果游戏时间比较少，则会迫使玩家更多地以本能直觉做出快速判断。假设玩家在"连连看"中消除所有方块的平均时间是 1min，如果现在把时间宽限为 5min 一局，那么玩家可以慢慢地思考该消除哪些，但如果把时间限制为 30s，玩家在玩这个游戏的时候就更倾向于凭借直觉来进行游戏。时间越紧迫，给玩家带来的紧张感就会越强烈。

采用敏捷技能机制的游戏在设计的过程中面临的最大问题是难度控制。如果游戏速度太快或者时间压力太大，玩家可能会因为过于紧张而感到疲惫或因为反应不过来而输掉游戏，但难度太小，游戏速度太慢，玩家容易克服挑战，那么玩家很快便会感到非常无聊。

在设计此类游戏时，把控游戏难度的最好方法便是测试。在实际的测试过程中寻找到玩家能够承受的极限，接着再以这个极限作为基准进行调整。一般来说，游戏刚开始时游戏的难度可以适度放慢，让相同的挑战类型多次出现，让玩家可以在一次又一次克服同样的障碍的过程中逐渐熟练操作，形成一种本能行为，然后再逐渐地增加难度。

## 5.2.2　策略技能机制

在现实生活中，人们都在做出各种各样的选择，这些选择决定了你的过去也塑造了你的未来，你的成功还是失败，你的生活是什么样的，都取决于你所做出的选择。选择使得一个人得到满足也会常常带来后悔，这也是选择给人类带来的情感感受。在游戏中也是如此。

"我应该怎么走？"、"我该选择哪些武器？"、"该采用强攻还是防守？"、"步兵需要生产多少个单位，坦克要制造多少辆？"、"是用重拳还是飞旋腿？"……这些都是游戏提供给玩家的选择权利。可以这么说，无论是敏捷技能机制还是强调策略机制的游戏，任何一款好的游戏都为玩家提供一定的自由度，让玩家可以根据自己的判断做出一系列有意义的选择决定。玩家时刻都在考虑这一步该怎么走、下一步该怎么走，再下一步呢……当玩家面对挑战时不断地做出选择决定，他们就会进入"心流"①状态。

强调敏捷技能机制的游戏，玩家必须在极短的时间内做出决策，而强调策略技能机制的游戏则允许玩家拥有更多的时间来进行思考、判断、规划，最后再做出有意义的选择。

所谓有意义的选择，不只为玩家提供几个选项那么简单，这些选择要让玩家做出决定时会对当前的游戏状态产生实际的影响，并会作用到游戏的进程上。例如"史丹利的寓言"，玩家在流程中将会选择进入哪扇门，选择的不同将会触发完全不同的剧情甚至获得完全不同的游戏体验，如图 5-15 所示。

下面列举出一些常见的决定类型，其中有些是失败的类型，有些则是在游戏中经常使

---

① 由心理学家和著名学者 Mihaly Csikszentmihalyi 在 *Flow：The Psychology of Optimal Experience* 一书中提到。

图 5-15　"史丹利的寓言"选择进入不同的门

用的成功类型。

### 1. 过于明显的选择

这种选择让玩家一眼就能看出某个选择肯定是正确的。来看这个例子，第一个玩家选择一个数字，然后第一个玩家告知第二个玩家他所选择的数之后，第二个玩家选择另外一个数字，如果谁的数字大谁就是赢家。该游戏毋庸置疑，第二个玩家肯定会选择比第一个玩家数字大的那个数，对于第二个玩家来说这个选择就是一种太过明显的选择。

还有一种情况，有些游戏在游戏的过程中会陷入无法选择的地步，玩家只能按照目前的固定的流程进行，比如"强手"，玩家到游戏的后阶段，只剩下掷骰子，走棋，付过路费的机械性动作，不用多久玩家就会感到非常无聊。这种情况也同样属于过于明显的选择。一般这种类型的选择要尽量避免。当然，也可以为游戏加入时间压力，使其变成一种敏捷性的游戏。

过于明显的选择还有一种情况，就是所谓的"统治性策略"（或称为"优势策略"），比如玩家现在有三种选择，分别是步兵、坦克和飞机，它们的属性如表 5-1 所示。

表 5-1　玩家道具选择 1

| 类　型 | 速　度 | 攻击力 |
| --- | --- | --- |
| 步兵 | 慢 | 弱 |
| 坦克 | 中 | 中 |
| 飞机 | 快 | 强 |

如果你是玩家，你会选择哪一个，很明显绝大多数的玩家都会选择飞机，因为从属性来看，飞机的速度和攻击力都比其他两个选项要好得多。因此，步兵和坦克这两个类型的选项可谓是多余的。在这个例子中，飞机就是一种统治性策略。

### 2．没有意义的选择

游戏提供的这种选择对游戏进程来说并没有太大的影响。

假设在游戏开始之前玩家可以从 10 架飞机中选择一架，但这些飞机除了外观不同之外，其他的功能和驾驶体验都完全一样，那么对于玩家来说这些选项是意义不大的。还有一个例子，玩家选择消耗大量时间和精力从怪物口中夺得一把钥匙，这把钥匙可以用来打开前方的大门，但是，前方的门根本不用钥匙就能打开，作为设计师，你还会保留这把钥匙吗？可以预见，当玩家意识到钥匙没有作用时，会感到无比的懊恼。因此，这种没有意义的选择最好不要出现在游戏中。

### 3．盲目选择

玩家在做决策时一般都会根据当前的反馈或者游戏状态。也就是说玩家做出决策时需要有一定的信息来做判断。当没有给玩家足够的信息来做参考时，玩家面对这个选择就是一种盲目的选择。最典型的盲目选择就是"押宝"等赌博类游戏，玩家要押注哪个数都是没有任何依据的，是一种随机选择。玩家只能靠猜来进行游戏，如果不是涉及真金白银，这种游戏的乐趣就会大打折扣。

### 4．折中选择

当玩家手中的资源不足以来实现所有的行为时便会产生折中选择。如在 CS 中，玩家只有有限的钱来购买枪械，玩家是选择便宜的 AK47 和几颗手雷，还是选择把所有钱都拿来买昂贵的 AWP 狙击枪？在"刺客信条—黑旗"中，玩家也需要考虑把获得的金币拿来购买佩剑还是用来修缮船只。以上两个例子都有一个共同特点，通过管理有限的资源来获取需要的选择，但所有这些选择都各有优缺点，玩家可以根据自己的个性和游戏环境做出一个适合的选择，这样的选择才能为玩家带来更多的娱乐。

对于折中选择，设计师也需要尽可能地避开"统治性策略"的情况，让玩家进入一定的纠结状态。还是以上面的步兵、坦克和飞机为例，现在为每种类型加上购买价格和灵活度，如表 5-2 所示。

表 5-2　玩家道具选择 2

| 类 型 | 价 格 | 速度 | 攻击力 | 灵活度 |
|---|---|---|---|---|
| 步兵 | 10 个单位 | 慢 | 弱 | 高 |
| 坦克 | 50 个单位 | 中 | 中 | 中 |
| 飞机 | 100 个单位 | 快 | 强 | 低 |

作为玩家的你现在拥有 100 个单位的金币，你会选择哪些类型呢？

### 5．进退两难选择

古话说"两害相权取其轻"。摆在玩家面前的某个选择对于玩家来说无论哪个选择对玩家都会有损失。假设一个岩浆池场景，有两条路可以让玩家到达出口，第一条路是玩家踩着岩浆池里的裸露石块通过，但会因为温度太高而损失一定的生命值，第二条路是离熔岩池有一定距离的石桥，但是石桥上面有几个攻击力很强的怪物，还有不断掉落的桥面。这时你会选择哪一条路呢？这便是进退两难的一个例子。这种选择类型的特点是两种选择都有害处，就看玩家如何衡量了。

进退两难有一种更灵活的设计方法，便是利用博弈论中的"囚徒困境"[①]思想。这种思想让玩家决定是采取与对方合作的方式还是采取背叛对方的方式来获得奖励或者惩罚，但是奖励还是惩罚都取决于对手的具体选择。

### 6．风险与回报权衡选择

这种选择设计在游戏中大量存在。当玩家面对一条安全但是不能获得医药箱的路与一条需要攀岩并冒着落入悬崖的危险但却能拿到满血医药箱的路时，玩家会更加慎重地进行选择。这种选择面临的是风险与回报的评估，是一种低风险低回报还是高风险高回报的选择。如果现在玩家的血量是满的，那么也许他会选择安全的那条路，但如果玩家已经只剩下一丝血量时，玩家可能便会孤注一掷冒着死亡的风险去获得医药箱。

在设计这种类型的选择时，要让玩家期望的东西能够对等于所冒的风险。也就是说，如果风险很大，但只能拿到一个作用不大的道具，那么玩家会觉得这个设置是在戏弄他。

从以上列举出的几种选择类型中，太过明显的选择、没有意义的选择是需要尽力避免的，盲目选择有时候虽然能够影响游戏结果但如果没有其他外物刺激的话很难激起玩家的兴趣，在游戏中最常用的便是折中选择、进退两难选择和风险与回报权衡选择。最后三种选择类型能够给玩家带来实质的选择"心流"，让玩家具有纠结感。

在设计与选择决定有关的元素时，要尽可能地让这些选择是有意义的。当你在玩扑克牌时，你是要决定压牌还是"过"；当在玩射击类游戏时，你会衡量你当前的血量和弹药数量来决定是躲过敌人还是消灭它；当你在玩"俄罗斯方块"时，是等待一个竖条出现还是想现在就用其他的方块来填补这个空缺……这些选择，或者让玩家感到沾沾自喜，或者让玩家后悔不及。这些选择，都是玩家在玩游戏时根据当前的游戏状态，经过思考之后所做出的决定。这些决定往往会影响到游戏的状态或者游戏的结果。

以上这些能够影响游戏结果的选择，在游戏中被称为"有意义的选择"。互动性是游戏与其他艺术形式之间的最大区别，也就是其互动性，它为玩家与游戏提供了交流互动的

---

① "囚徒困境"是 1950 年美国兰德公司提出的博弈论模型。两个共谋犯罪的人被关入监狱，不能互相沟通情况。如果两个人都不揭发对方，则由于证据不确定，每个人都坐牢一年；若一人揭发，而另一人沉默，则揭发者因为立功而立即获释，沉默者因不合作而入狱十年；若互相揭发，则因证据确实，二者都判刑八年。由于囚徒无法信任对方，因此倾向于互相揭发，而不是同守沉默。

可能,也使得游戏设计师能够为玩家创造出有意义的选择的机会。

游戏设计师通过游戏机制为玩家提供各种选择的权利,此时给予玩家多少的选择权利,选择能带来何种影响以及玩家如何做出选择是游戏设计师真正给玩家带来的体验,也是游戏为玩家带来情绪感受的主要原因。那么一个好的游戏机制如何为玩家提供有意义的选择呢?

(1) **一个游戏必须让玩家意识到他们当前是否需要做出选择**。如果不能让玩家意识到选择的存在,那么错失选择的机会也在所难免,此刻这些选择就变得没有存在的意义。比如在"植物大战僵尸"里,在每一关开始之前,都会让玩家挑选这一关需要用到的植物。为了向玩家传达这种选择,它从游戏界面上给予了提示。玩家一看到这个界面,便会马上意识到它们需要先选择植物再开始游戏,如图 5-16 所示。

**图 5-16    "植物大战僵尸"**

(2) **玩家能够知道游戏为他们提供了哪些选择**。"哪些选择可供挑选"这个问题是显而易见的,也就是把几个东西放在玩家面前,让玩家自行挑选便是。但这忽略了一个问题,就是所谓的"统治性策略"。现在有三种武器摆在你面前,分别是匕首、手枪和机关枪,它们分别拥有杀伤力和杀伤速度的属性,在这个设定中杀伤力和杀伤速度匕首最小、手枪次之,机关枪则是最大的。如果你是玩家,你会选择哪一种? 毋庸置疑,一般都会选择机关枪,因为匕首和手枪无论杀伤力还是杀伤速度都要低于机关枪。此时匕首和手枪便失去了其存在的意义,因为玩家根本就不会去选择它。这便造成了"统治性策略"。

(3) **提供的选择必须能够影响到游戏的状态或者结果,从而引起玩家的重视**。玩家做出选择就是为了能够推进游戏的进展,同时玩家也需要在下面的游戏过程中承担他当前所做出的选择的结果。如果游戏所提供的选择并不能影响游戏的状态,或者该选择不需要玩家去承担它的结果。那么这个设定就不是一个有意义的选择或者是一个可有可无的选择。比如在"植物大战僵尸"中,无论选择哪种植物,都能最后顺利过关,那么在关卡开始前选择植物的环节就变得多余。也就是因为这个游戏设计师意识到这一点,所以才会赋予每种植物不仅是外观的不同,还具有不同的特性,从而玩家是否选择某个植物都需要再三掂量,因为他的选择不仅改变了玩游戏中不同植物的外观,也将影响到玩法和后续策略,甚至决定了这一关的成败。

（4）**提高玩家不认真谨慎地对待选择的代价可以增加有意义选择的重要性**。如果人生可以重来,就没有人会认真对待他所有的选择,人生也会变得平淡无奇。游戏也是如此,如果当玩家的决策失误时可以轻而易举地重来,那么这个选择就变得没有意义了,玩家就不能在这个选择设定上体验到任何情感。比如"超级马里奥",该游戏总共有 8 关,每一关有 4 小节。玩家在游戏开始时因为决策失误而死亡,这并不会引起玩家过多的紧张感,因为重新开始到当前这个位置不需要太多的时间和精力,但当他玩到某一关的后边几节时,面对当前的挑战需要做出判断时却会更加小心翼翼,因为如果在这个节点上失误便有可能重新回到该关的第一节,这样玩家损失的便是他先前的时间和精力。玩家会因为害怕失去的成就而体验到更多的紧张感。因此,增加玩家注重选择的最好方法,便是让玩家付出一定的时间和精力成本。如果他不好好对待当前的选择,那么将要付出代价。当然,如果一失败便把它打回游戏一开始的位置,这样的代价太高,很有可能会挫败玩家的自信心,所以让玩家重生的位置设置也很重要。

玩家在游戏中无非就是根据游戏当前提供的选择做出判断,无论是需要经过深思熟虑还是需要快速反应,如果这些选择是有意义的,那么便能够直接影响到玩家的情绪,它让玩家感受到是满足还是后悔,是激动还是消沉,这些都是玩家在做出选择之后游戏的状态改变所带来的情绪回应。

## 5.2.3　偶然性因素

偶然性也称为"随机性",也可叫作"运气因素"或"机会因素",它的作用在于产生不确定性,是一种无法事先预知的游戏机制,它所产生的结果与玩家技能无关,是完全依靠运气来决定的玩法。在游戏中有的完全没有偶然性因素的设置,如"象棋"、"围棋"和"西洋双路棋"这些游戏都是完全依靠技能来进行游戏。而如"斗地主"的洗牌和发牌则是一种随机机制,"飞行棋"、"大富翁"的掷骰子也属于随机机制,因为玩家无法预知拿到的牌是什么,掷出来的骰子数字是多少。

偶然性在游戏中扮演着重要的角色。在游戏中能够产生偶然性的方法有很多,比如骰子、卡牌、转盘、计算机的伪随机数等,都可以用来实现随机效果。那么偶然性有何作用呢? 游戏加入偶然性因素有什么作用呢?

### 1. 防止或延迟游戏可解性

所谓游戏可解性,是指游戏的整个可能空间可提前预知,玩家只要行为得当便能赢得游戏,那么该游戏就是可解的。"井字棋"与"围棋"相比,前者的可解空间较小,玩家很容易就掌握所有的可能性,而后者虽然从理论上可解,但可解空间很大,人脑不太可能完全破解。因此"井字棋"相对来说容易可解而不能对玩家保持长时间的吸引力,但"围棋"却给人带来千变万化的感觉,从而让玩家"百玩不腻"。

就像上面的例子,要减弱游戏的可解性,可以利用增加游戏可解可能性空间来达到目的。当然,还有另外一种方法就是加入偶然因素,增加不确定性,防止玩家很快解开这个游戏,比如"斗地主",每次洗牌和发牌都是随机的,玩家每次拿到的牌的组合都不相同,因此每一局玩家都需要重新根据当前的牌面进行决策。

### 2. 增加多样性和新鲜感

偶然性意味着不确定性,不确定性意味着多样性,多样性则产生了更多的新鲜感,这样就增加了游戏可玩和重玩的价值。新鲜感是玩家玩游戏的一个重要动机之一。设想一下,如果"神庙逃亡"(TempleRun)没有用随机产生地图的机制,玩家每次玩游戏都是面对着同样的地形、同样的操作顺序步骤,当玩家逐渐掌握了行为顺序之后,这个游戏就变得可解,其重玩价值就大大降低了,而且没有随机地图的机制,游戏设计者只能通过制作一张足够大的地图来增加游戏的游戏时间,这无疑大大增加了游戏设计的成本。

### 3. 增加紧张感和戏剧性

人类面对未知的未来有一种莫名的紧张感。同样地,当游戏的输赢要依靠无法预测的掷骰子来决定时,人们便会胆战心惊起来,而戏剧性也在此刻起作用。

最典型的莫过于以全随机玩法为著称的赌博类游戏,仔细观察庄家开盘的那一时刻,赌徒们屏住呼吸、眼睛直盯着庄家的盘面默默祈祷,全场的气氛紧张得像要凝固般。

还有一种设计,当玩家原本按照自己精心设计的思路进行游戏时,突然半路杀出个程咬金,令玩家措手不及。如果这个"程咬金"出现的时间和地点是随机的,这种不确定也会让玩家时刻保持警惕,因为玩家不知道是否在下一秒就会蹦出一个敌人。

现在视频游戏的 AI 技术的进步也在一定程度上增加了游戏的随机性。在以往的游戏中,敌人只会沿着固定的路径巡逻,玩家只要掌握了它们的规律之后便会对这个挑战失去兴趣,在之后如果重玩这个游戏,所有的行为就只剩下机械性的动作了。但现在的 AI 技术使得敌人的各种状态更加随机化,往往让玩家措手不及,这时紧张感也油然而生。

### 4. 让所有玩家都有胜利的机会

在纯技能的游戏中,如"象棋"、"围棋"等这类游戏,常把玩家分为高手和弱者两种。高手一般都会打败弱者。弱者与高手过招,除非高手犯了严重的失误,否则弱者永远也敌不过高手。这种情况往往会造成弱者不愿再与高手对弈,而高手也会觉得打赢这个弱者太过简单而感到无聊,从而一局过后这两个人的游戏可能就不会再进行下去了。虽然有些人觉得这没有什么不妥,但对于商业游戏来说会减少潜在玩家的危险。为削弱这种劣势,可以适当加入与技能无关的偶然(运气)因素,增加弱者获得胜利的概率。而同时如果弱者输掉游戏,其受到的刺激也会减轻,因为他可以把失败归咎于运气。

再者,可以利用运气来让落后的玩家拥有翻盘的机会,例如,玩家在"大富翁"这个游戏中加入了机会牌,当快要破产的玩家走到可以翻机会牌的格子上时,如果翻出来的牌面能让玩家获得一大笔客观的资金奖励或者让资金最多者丢失一部分资金,那么落后的玩家就有可能重整旗鼓,进而延长游戏时间。

### 5．随机奖励机制

如何让玩家在游戏中投入更多的精力,并时刻保持激情是游戏设计师的任务。著名的游戏设计师 John Hopson 通过研究斯金纳的行为主义心理学理论得出:利用"可变比率①"的奖励设计可以让玩家以相当高的频率以及稳定的动作流程来做出反应。比如,玩家可能需要消灭大约 10 只怪物来获得一个奖励,但是每次这个数量都是随机生成的,也有可能打死 1 只怪物就能获得一个医药箱,也许需要打死 5 只。在这种情况下玩家就会时刻保持打死怪物的动机。还有一种应用就是打死相同的怪物,掉落的奖励可以有多种可能,例如可以掉落一个小型医药箱、满血医药箱、子弹盒子之中的一种。那么玩家在需要医药箱时,虽然不确定消灭一个怪物是否会掉下医药箱,但还是会以赌一把的心态来做出反应。

偶然性因素给游戏带来了千变万化的效果,但过多地使用也会带来副作用。前面提到,偶然性是无法预料的,因此要把控好这个因素也需要小心。

一个游戏中偶然性因素所占比例的多少会影响到整个游戏的可玩性。对于智力健全的成年人或者年纪较大的儿童,他们可能更倾向于带有技能型的玩法。有些纯属技能型的游戏,如果加入太多的偶然性因素反而会削弱该游戏的吸引力,但另一个极端便是纯运气游戏。

一般来说,一个游戏或多或少会涉及技能机制,因为如果完全依靠纯运气机制的游戏会让人感到无聊。假设"飞行棋"是一种纯运气玩法:玩家只要掷骰子,然后按照投出来的数字移动棋子,谁先到达终点谁就胜利。那么这个游戏因为没有让玩家提供任何选择而将不会有任何可玩性,玩家很快就会感到没有任何挑战性而不再游戏。

当然,纯运气游戏还是大量存在于儿童类游戏和赌博类游戏中的。因为年龄较小的儿童其智力和判断能力还不够健全,从而不能做出复杂的决策,所以他们更享受运气所带来的刺激感,而且往往把运气因素归功为自己的能力并乐此不疲,比如"滑梯与楼梯"(Chutes & Ladders)、"糖果世界"(Candy Land),都是依靠掷骰子的方式来进行游戏,如图 5-17 所示。因此,在为年纪比较小的儿童设计游戏时,最好多采用纯运气的机制,尽可能不要让他们在玩游戏时动脑筋。

赌博类游戏也是大量使用随机因素的游戏,虽然像"押宝"、"21 点"等游戏也提供给玩家选择的机会,玩家可以压大小,选择跟还是不跟,但这些选择完全属于盲决定。赌博类游戏与儿童游戏不同,它主要面向的是成人,虽然它也是全随机游戏,本对于成年人来说应该是没有什么吸引力的,但却有多少人为赌博而着迷呀! 可以这么说,如果没有真金白银作为赌注,那么此类游戏也会让人倍感无聊的。

因此,一个游戏要用多少的技能机制和偶然因素,需要根据这个游戏所面向的玩家群

---

① John Hopson. Behavioral Game Design. http://www.gamasutra.com/features/20010427/hopson_01.htm.

**图 5-17** "滑梯与楼梯"（Chutes & Ladders）

体而定。比如对于家庭游戏来说，因为参与这个游戏的玩家包括儿童和父母，为了照顾到两个不同年龄段的玩家需求，就需要在技能和运气机制上找到一个合理的平衡。

# 5.3 反馈机制

玩家应该清楚并且几乎能够马上被告知自己的行为对达到目标具有积极或消极的影响，否则，该游戏将是一个非常糟糕的游戏。因此，游戏设计师为了能够让设计出来的游戏能及时为玩家所做的行为做出反应，必须仔细地考虑该游戏的反馈机制。所谓反馈机制，狭义上讲，就是玩家与游戏交互时游戏环境对玩家的行为做出的反应。

在第 1 章中，介绍了反馈循环。即由输入、输出与玩家内心决策所构成的一个循环系统。玩家对当前的反馈（即输出，例如画面、声音、震动、奖励等）做出决策，接着利用输入设备来与游戏进行交互，当游戏检测到玩家的输入行为之后，又会做出相应的反馈，告知玩家当前做出的行为所产生的效果。游戏的反馈机制是玩家收集有关游戏信息最有效的方法，它为玩家提供做出下一步操作所需要的依据。所以游戏反馈在游戏中占据了很重要的地位。如果一个游戏缺乏反馈，那么很可能该游戏就失去了它的趣味性。

## 5.3.1 感官反馈

视觉、听觉、触觉、嗅觉、味觉是人类感知外界信息的 5 大感知方式。其中，视觉在整个感知过程中所占比例最大，其次是听觉和触觉。在游戏的设计中，玩家接收到的最大反馈信息也来源于视觉画面，接下来就是音乐音效以及手柄的震动力反馈（如果有此设备）。

经典游戏"俄罗斯方块"是一种带有及时反馈机制的例子。在游戏过程中，玩家始终能够清楚地看到当前的游戏局势是什么样子的——方块垒了多高，有多少行方块被消除，而且在方块被消除时，并不会一下子消失，而是会先闪烁几下，这样的效果可以起到强化提示效果的作用。当然，除了视觉反馈之外，得分和在关键时刻的音调改变也是这个游戏的一种反馈机制。

在第一人称射击游戏"杀戮地带"中，当玩家受到攻击时，游戏会出现非常明显的消极反馈,此时如果玩家伤势越重,屏幕会变得越来越红,就像血液充满了眼睛一样。当地雷在身边爆炸时,则会听见耳朵晕眩的声音,而且画面会变得模糊。当玩家接收到这些反馈时,便知道自己正处于危险的边缘,必须马上寻找可以作为掩护的掩体,如图 5-18 所示。

再如"水果忍者"这个游戏,当你朝着一个个抛上来的水果挥刀而下,刀光剑影、刀起瓜落,伴随着各种水果清脆的爆裂声,四处飞溅的果汁,还有分数直飙的自豪感,其快感孕育而生,欲罢不能,如图 5-19 所示。这些反馈,游戏的作者都经过了精心的设计,其目的是通过这些反馈机制给玩家带来更强烈的视觉冲击和快感。其实一个好的游戏反馈机制是对玩家的一种奖励与鼓励。

图 5-18　"杀戮地带"晕眩画面效果

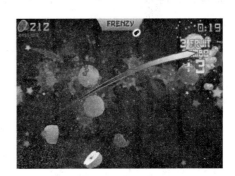

图 5-19　"水果忍者"

## 5.3.2　机制反馈

感官反馈属于游戏中最直观的反馈机制,然而从广义上讲,游戏中的反馈机制还包括机制上的反馈,即所谓的正反馈循环和负反馈循环。

### 1. 负反馈

以猎物与捕食者为例,当猎物数量很多时,由于食物充足,所以捕食者的数量很容易就增加。但随着捕食者数量的不断扩大,猎物的数量会不断减少,此时由于捕食者得不到充足的食物,捕食者的数量也会随之下降,这让猎物有生存繁衍的空间,从而再次增加猎物的数量。在大自然的生态链中,这种能维持生态系统中猎物与捕食者数量之间的平衡机制,便是负反馈循环的一种表现。这种能够维持系统平衡的反馈循环就是负反馈循环。

保持室内恒温的温度调节器也是一种负反馈循环。它通过检测室内的温度,当温度低于设定值时,加热器便开始运转使室内温度上升,但当室内温度上升到一定值之后,又会反过来关闭加热器。负反馈在游戏中的作用,也相当于一个室内恒温温度调机器。比如在"马里奥赛车"(Mario Kart)中,玩家越落后,则会得到更强大的道具,如果落后到一定程度,甚至可以得到非常强大的南海龟壳,这个道具可以自动对准跑在最前面的赛车开火。同时,跑在最前面的对手则只能得到最差的道具。这种负反馈机制,可以使落后的玩家在一定程度上扭转不利形势,从而拉近玩家之间的差距,如果运用得好,可以让当前占据一定优势的玩家仍然处在竞争的压力中,而给目前表现不佳的玩家带来一些希望,从而使游戏更持久,更刺激。但负反馈运用不当,也会出现负面作用,尤其在强调胜负的机制中,可能会产生大量的和局情况,甚至削弱较为强势一方的积极性。为了避免这种结果,可以引入正反馈机制。

### 2. 正反馈

在很多竞技类游戏中,会给予赢家更多的奖励,而对输家进行惩罚,从而使得输家越往后越难以翻盘。例如在"大富翁"中,一位玩家先购买了一些地产,那么其他玩家路过这里就需要给这位玩家缴纳租金,如果玩家垄断的地产越多,那么可以获得租金的机会也就越多,则可以购买或者升级更多的地产,而其他玩家则需要缴纳更多的租金,甚至到最后没有更多的资金来购买属于自己的地产,从而形成了拥有更多地产的玩家具有更多的垄断资源,因此也越容易赢得游戏。所以,玩家们在刚开始游戏时,都要尽自己的努力去购买更多的房产,否则越往后,胜出的概率就会越小。还有在"象棋"中,当一方吃掉了敌方的一颗棋子,那么就相当于敌方的棋子在数量上要少一颗,进而削弱了敌方的一些优势。从以上的例子可以看出,利用正反馈,所起的效果是一种加强作用。当一位玩家获得一些胜利时,便可以得到奖励,而落后的一方则会受到惩罚,这种效应令胜者更胜,败则更败,进而拉大两者之间的差距。

负反馈可以维持系统的平衡,缩短领先者和落后者之间的距离,而正反馈则可以提高竞争强度。因此是采用正反馈还是负反馈,需要与游戏的具体机制相结合,并没有孰优孰劣之分。

# 5.4　平衡游戏难度

心理学家米哈里·齐克森米哈里(Mihaly Csikszentmihalyi)认为,当执行任务的人的能力与他们所面对的任务难度相当时,他们就会进入一个令人满意的最大生产状态,他把这种状态称为心流(Flow)[①]。如果挑战太大,人们就会变得焦虑;如果挑战太简单,人们就会感到厌倦。这种现象,也同样适用于游戏。游戏的难度设计,就是通过调整游戏内的难度来使玩家保持在心流状态。

## 5.4.1　平衡游戏难度概述

在讨论如何平衡游戏难度之前,先引入以下几个概念。

### 1. 固有技能

在玩家没有任何时间压力下,玩家克服某个障碍所需要的技能水平为固有技能。也

---

① 所谓心流,就是一种将个人精神力量完全投注在某种活动上的感觉;心流产生时同时会有高度的兴奋及充实感。

就是说,玩家可以在无限长的时间内来解决某个问题的能力水平。比如高尔夫,只要求玩家有挥杆的技能,但没有任何的时间限制压力。还有如"超级马里奥"中玩家只要用"跳"的技能来踩死或者躲避敌人。

### 2．时间压力

如果玩家在克服一个障碍时具有时间限制,那么玩家就会感受到压力感。玩家需要在规定的时间内完成任务,时间越短,压力也就越大。此时时间也是一种有限资源,玩家必须在消耗掉这个时间资源之前完成某项任务。这种时间限制是广义上的,除了有明显的计时(如足球、篮球比赛)之外,还可以描述如敌人从发现你到袭击这三秒钟之内你必须击毙它所呈现的一种压力。还有如"俄罗斯"方块,方块从上往下落的过程中,随着下落速度加快和所累积的方块的高度越来越高,玩家能够思考的时间也越来越少,这也是一种压力。压力主要考验的是玩家快速思考和反应的能力。

### 3．绝对难度

由没有时间压力下克服障碍所要求的固有技能以及时间所带来的压力组成为绝对难度。一般来说,强调技能使用的游戏在时间限制上比较宽松,因为这样可以让玩家有更多的时间来思考策略,如"星际争霸"系列,玩家有较为充裕的时间来思考使用哪些技能,制造哪些单位,是否出击等。而有的游戏更多强调的是时间压力带来的紧张感,如"俄罗斯方块",其固有技能非常简单,但对时间的要求比较高。

### 4．游戏提供的化身能力

指玩家化身当前所拥有的能力,比如攻击力、防御力、生命值、资源多少,玩家化身的技能以及玩家操控化身做出行动的能力。

### 5．相对难度

指和玩家克服障碍的能力相关联的挑战的难度。也就是说,它是与玩家当前所掌握的能力水平有关。为简化描述,只考虑攻击力和生命值。假设玩家当前的攻击力是1,敌人的生命值为5,玩家击毙敌人需要做出5次攻击;玩家通过升级攻击力到5之后,同样面对生命值为5的敌人,现在玩家击毙敌人只需要做出一次攻击。从以上两个情况上看,后者其相对难度比前者的相对难度要低。因此,相对难度可以表示成:

$$相对难度＝绝对难度－游戏提供的化身能力$$

### 6．玩家的游戏内经验

通常用玩家已经花在克服某个游戏障碍的时间来衡量。一般来说,玩家花在某个障碍上的时间会逐渐提高玩家克服某个障碍的熟练程度(让玩家操控化身做出某种技能行为的能力),也就是说有更多的经验来克服某个障碍。当玩家拥有的游戏内经验越多时,特定的障碍对他们而言就会越简单。

### 7. 玩家的感知困难度

也就是玩家在玩游戏时实际上感觉到的游戏难度。玩家觉得某个游戏难度多大,首先取决于该游戏为玩家设置的绝对难度有多大,但是随着玩家游戏内经验的增加,玩家会感觉该难度在降低,同时,如果游戏提供了玩家化身能力的提升功能,那么随着玩家化身能力的提高,化身克服挑战的难度也随之下降,因此,玩家对一个游戏的感知难度与绝对难度、游戏提供的化身能力和游戏内经验有关,同样地,感知难度也可以用以下的公式表示:

感知难度＝绝对难度－(游戏提供的化身能力＋游戏内经验)

或

感知难度＝相对难度－游戏内经验

这条公式说明,在游戏提供的化身能力和游戏内经验不变的条件下,绝对难度增加,玩家的感知难度也随之增大。反过来,绝对难度不变,如果游戏提供的化身能力增加或者玩家的游戏内经验增加,那么玩家的感知难度就会下降。现在以游戏时间为横向坐标轴,纵轴为难度,那么这几个概念之间的关系如图 5-20 所示。

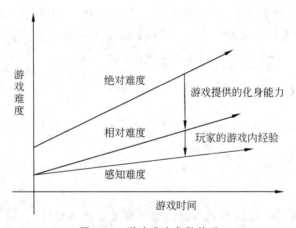

**图 5-20　游戏难度参数关系**

根据"以玩家为中心"的设计方法,游戏的最终目标是取悦玩家。只有玩家觉得该游戏难度合适,该游戏才可能吸引他们,因此,玩家的感知难度是游戏设计师最关心的核心之一。

## 5.4.2　游戏难度平衡点

作为一名游戏设计师[①],最重要的工作之一便是在游戏策划师所提供的各种不同难

---

① 游戏难度控制的工作更多地由游戏关卡设计师来承担。

度的障碍类型列表中挑选出合适的挑战,经过安排障碍出现的位置和频率等来形成一系列难度合理的关卡。这个过程也被称为游戏难度平衡过程。只有难度调整到某一个平衡点上时,玩家才会感到该游戏是有趣的。

平衡游戏难度是一个极具挑战性的工作,需消耗大量时间和精力才能做好这项工作,若游戏难度平衡恰到好处,就会极大提升游戏的体验。那么游戏难度达到平衡点应该如何衡量呢?什么样的难度才算合理?这个平衡点应该如何确定呢?

Jesse Schell 在 *The Art of Game Design:A Book of Lenses* 一书中给出一张关于技能与挑战难度的关系图如图 5-21 所示。

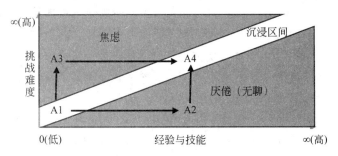

图 5-21　技能与挑战难度的关系所产生的玩家心理

图 5-21 的横坐标表示技能,纵坐标表示挑战难度,两者沿坐标方向递增。狭长的白色区域称为游戏沉浸区间(该区间是玩家达到最佳体验状态的区间)。该区域的上方为"焦虑"区间,下方为"厌倦"区间。A1～A4 分别表示玩家处在不同技能与游戏难度的感受状态。箭头线段表示玩家当前心流的变化。

假设玩家第一次玩一款游戏,刚开始时玩家处于 A1 的位置。这个阶段玩家的游戏内经验很少,主要以熟悉游戏的基本操作为主,相应地游戏的挑战难度设置也很小,比如"超级马里奥"的第一关开始的一段距离内,玩家有机会在没有任何障碍的情况下熟悉移动和跳跃的技能,唯一的障碍就是玩家如何让马里奥移动起来。在这个阶段,玩家有相对轻松的环境来熟悉技能,而且玩家会感觉能够移动马里奥并让它跳起来是一件非常有趣的事情,因此玩家能更容易沉浸在游戏里。

随着玩家玩游戏的时间增加,玩家的经验或技能也可能随之提高,此时玩家已经知道利用方向键控制马里奥移动,用 A 键控制马里奥的跳跃,但如果此时游戏没有进一步给玩家提供更高的挑战,其感知难度会下降,玩家会越发感觉没有挑战性而渐渐产生厌倦心理(图中 A2 的位置),同样的难度在玩家的经验或技能提高之后已经不再具有难度了。因为移动马里奥已经不是难题,设想"超级马里奥"在玩家掌握了行走的技能操作之后,玩家只需要一路直走就能到达终点是一种什么样的感觉。

"超级马里奥"的作者宫本茂在感觉玩家已经掌握了马里奥的移动和跳跃的操作之后,便开始加入第一个能威胁玩家的左右移动的 NPC 障碍——栗子头,当玩家看到这个 NPC 时会有眼前一亮的感觉,此时玩家就会重新激起兴趣,开始思考利用什么技能来躲避或者消灭这个敌人。一般来说,当玩家的经验和技能提高到某个水平之后,就渴望游戏有更多的挑战来激发他们进一步的斗志,使他们重新回到沉浸空间中(图中 A4 位置),否则就很有可能因为感觉无聊而放弃游戏。

还有另一种情况,当玩家的技能还未得到充分提升时,游戏的绝对难度便迅速增加。再以"超级马里奥"为例,假设玩家第一次玩这个游戏,还没弄清楚马里奥能做什么,如何控制它的时候,就有大量的栗子头扑面而来,此时的情况只有一种,玩家一次次在手忙脚乱、不知所措中被栗子头消灭。这时玩家的感知难度就会非常大,这种失败的挫败感也孕育了玩家的焦虑情绪(图 A3 位置)。当玩家面临巨大的挑战时,会产生渴望游戏及时提供高技能的手段来应对当前的挑战(图中 A4 位置),或者让游戏的相对难度降低以重新回到 A1 位置(动态难度控制(DDA)属于此种类型),否则也有可能迅速退出游戏。

从以上的情形可以看出,无聊和焦虑都不是良好的体验,它们很有可能导致玩家终止游戏。为防止这种情况发生,唯有给玩家提供合适的难度刺激,让他们始终停留在沉浸区间中,才能让一个游戏拥有持续的吸引力。此时才能称该游戏的难度处于平衡点。

## 5.4.3　游戏难度曲线

现在我们知道,游戏的难度与玩家技能之间有密切的关系。随着玩家的经验和技能的提高,为了让玩家的感知难度保持在一个合理的水平上,游戏的难度也要随之做出调整。也就是说,游戏难度一般是一个动态变化过程,而不是一个静态过程[1]。通常可以用一条曲线来描述游戏难度与玩家经验与技能之间的动态关系,这条曲线就是所谓的游戏难度曲线。这条难度曲线也是描述玩家心流状态的直观表现,从一定程度上也反映了玩家感知难度的情况,如图 5-22 所示。

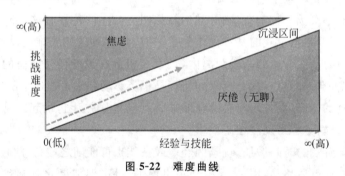

图 5-22　难度曲线

同样地,难度曲线的变化范围也需限定在沉浸空间中,这是保证游戏具有持续吸引力的基本条件。那么,游戏难度与玩家技能之间的具体变化关系是否对玩家的体验产生影响呢?

假设现在有一个游戏创意,游戏名称叫作"保卫国旗",是一款顶视图固定视角的定点防御射击类游戏。该游戏的核心体验是射击与防御。玩家化身只能在地图中心的国旗周围一定范围内活动,四面八方是扑面而来的敌人,这些敌人试图避开玩家的子弹夺得国

---

① 除非该难度曲线采用了"达尔文难度曲线"。

旗,玩家要尽可能地把所有的敌人都消灭光,如图 5-23 所示。

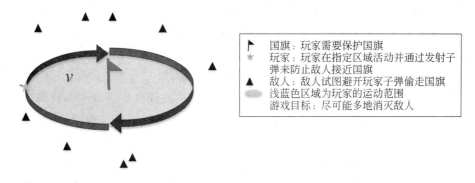

图 5-23　用 Visio 图画出概念稿

这个游戏起初设计为只为玩家提供一把杀伤力为 1 的手枪,玩家通过方向键控制化身的位置和朝向,每按下一次空格键就控制机关枪发射 1 颗子弹。NPC 也只有一种,它的生命值是 3,也就是说,NPC 被 3 颗子弹击中就会丧命。因此,当前情况下玩家的技能主要是靠玩家对化身的控制熟练程度。很显然,为了避免难度曲线超出沉浸区间,需要调整游戏难度使得它随着玩家技能的提高而增加,其难度曲线也是逐渐增加的,如图 5-24 所示。容易看出,目前挑战难度与玩家技能之间是一种线性关系。

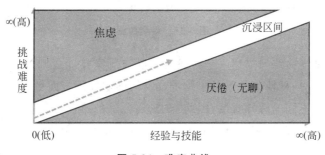

图 5-24　难度曲线

增加游戏的难度对于这个设定来说很简单,只要逐渐增加每一波[①]敌人的数量来实现。随着玩家游戏时间的增加,玩家面对的敌人数量也在增加,玩家需要更快的判断能力和反应速度来应对这些挑战。这种难度设计并没有使得难度曲线变动超出沉浸区间,因此是可行的。这种方式在早期的视频游戏中较为常见,比如 Pong、"俄罗斯方块"、"小蜜蜂"等,都采用这种方式。但是对比以下的另外一种设定,可能会更有意思。

游戏刚开始玩家只有一把杀伤力为 1 的手枪,每按一次空格键发射一颗子弹,NPC 的生命值也是 3。第一波 NPC 数量比较少,玩家足以用这把手枪应对这些敌人。但随着游戏时间的推移,NPC 的数量逐渐增多,挑战难度增大,玩家手中的一把手枪已经感觉到

① 游戏中"波"的概念指的是敌人出现的批次。每一批可能出现的敌人数量和总类可能有所不同,这就是一波,而且每一波之间有一定的时间间隔来加以区分。

有些力不从心,此时玩家只能通过加快按下空格键的频率来提高射速。如果玩家能够熬过这个阶段,游戏会为玩家提供一把射速更快的机关枪作为奖励,现在玩家每按下一次空格键能够发射 3 发子弹,能一枪杀死一个 NPC,在这个阶段,玩家会马上感到轻松起来,玩家也会享受这把机关枪所带来的新快感。但这段放松的时间并不会持续太久,另一种NPC 也随之出现,现在这个 NPC 的生命值是 12,玩家需要 4 枪才能消灭它,这个时候,新的压力也随之而来。这种“紧张和放松、放松和紧张”的循环会在游戏中不断出现。在电影学中,这种张与弛、急与缓、静与动的交替出现,被称为情感节奏。前面提到,游戏过于紧张会使得人们感到焦虑,过于放松会使得人们感到无聊,与前面的线性难度变化相比,线性难度变化更像是一种平铺直叙的故事,而在这两种情绪之间波动所产生的节奏感,更具有跌宕起伏的感觉,也更能激起玩家更多的激情。如用难度曲线来表示,是一条波动递进的曲线,但也未超出沉浸区间,如图 5-25 所示。

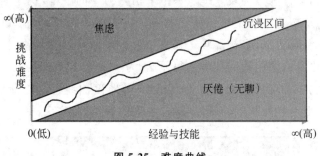

图 5-25   难度曲线

虽然可以用难度曲线来描述一个游戏的难度与玩家技能之间的动态变化关系,但截至目前为止,还没有一种精确的工具来衡量难度的确切数值。而且,关于一个游戏的难度对不同的玩家也有不同的感知难度,因此,要找到合适的难度,只能经过不断的测试和对玩家的观察,才能更直观地调整游戏的沉浸区间范围和难度曲线。

## 小结

本章分别介绍了游戏可玩性中游戏障碍(挑战)和玩家技能,以及平衡游戏难度的知识。游戏的障碍类型大致可以分为地形障碍、NPC 障碍和谜题障碍。

地形障碍包含静态的和动态的平台、陷阱以及机关;NPC 根据作用可分为剧情 NPC、功能性 NPC 和任务 NPC;而谜题障碍则包含更多种类型,其中谜题、发散思维谜题由于其自身的属性使得越来越多的游戏摒弃了这种类型,而空间谜题、模式辨析、逻辑推理、探索、道具使用等谜题则因为它们更能与游戏融合,变化性较大而广泛受到重视。

用于克服游戏障碍的玩家技能则分为敏捷技能、策略技能以及偶然性。敏捷技能要求的是玩家的快速判断能力和快速反应的能力,包含这种技能玩法的游戏也被形象地称为“抽搐类”游戏;与敏捷技能玩法不同,策略技能则要求玩家具有较强的逻辑判断能力、决策能力和耐心,这类游戏考验的是玩家的思维缜密程度;而偶然性则可以说与玩家的技能无关,是一种随机产生的结果,这种类型的玩法的好处在于可以使得游戏产生多样性和不确定性,除了儿童类游戏和赌博类游戏中大量使用偶然性玩法之外,其他类型的游戏如果使用不当,很容易让玩家感到无聊。

基本上,以上这些障碍和技能组合起来就形成了游戏的可玩性。但是要让玩家感觉到有趣,还必须恰当地安排这些元素,以达到合理的难度曲线。难度曲线始终保持在沉浸空间是一个游戏难度平衡的最基本要求,而为了让玩家能够体验到更跌宕起伏的情感变化,游戏难度与技能之间的关系动态变化形态也是至关重要的因素。

# 作业

1. 以表格的形式列举出任天堂上的第一代"超级马里奥"的所有地形障碍。

| 地形障碍类型 | 截图 | 克服该障碍的技能 |
| --- | --- | --- |

2. 以表格的形式列举出任天堂上的第一代"超级马里奥"的所有 NPC 障碍。

| NPC 类型 | 截图 | 克服该障碍的技能 |
| --- | --- | --- |

3. 挑选一个喜欢的游戏,列举出这个游戏的所有障碍和技能,其格式与上两题相同。

4. 为每个地形障碍类型设计 5 个具体的障碍,并列出克服每种障碍所需要的技能。

5. 利用第 4 题设计出来的障碍,组成一个游戏关卡。

6. 试列举出谜题的类型,每个类型的谜题分别收集不少于三款的游戏,并体验这些谜题在这些游戏中的作用。

7. 如何合理分配敏捷玩法、策略玩法和偶然性玩法之间的比例?

8. 请挑选一款你喜欢的游戏,并列举出该游戏的反馈机制。

9. 试玩"推箱子"这个游戏,分析该游戏的难度曲线。

10. 试玩"火焰之纹章:苍炎之轨迹",体验当玩家面临着要"让 Boyd 幸存下来或者让他死去"这个问题选择上所做出的选择对后续的影响。

11. 如何提高玩家对游戏所提供的选择的重视程度?

12. 试列举出玩家技能的类型,每个类型的谜题分别收集不少于三款的游戏,并体会这些技能为玩家带来什么样的感觉。

# 第 6 章

# 迭代与交互式原型测试

确定了一个游戏的主题或核心体验之后,面临的下一个问题是如何围绕这个中心展开,在实现的过程中保证所添加的所有元素都能达到预期的效果,是否每个规则都能产生乐趣? 根据 MDA 的框架,游戏设计师只直接接触到规则设计,但并不能马上知晓这些规则是否具有可玩性,只有当创建出可玩的内容并经过测试之后才能知道某个元素是否符合当前的设计要求。那么这个测试需要在什么时候开始进行呢? 如何做才能尽可能地减少游戏开发的风险? 接下来对这个问题进行探讨。

## 6.1　迭代过程

在前面的章节中介绍了两种游戏开发过程模型,分别是瀑布模型和螺旋模型。瀑布模型的方法是先用文档设计出整个游戏的构架,接着去实现这个设计(包括美术、音效、技术和游戏逻辑等),最后游戏完整成型后才进行测试。但这种方法有一个非常致命的问题:如果在后边出现问题或者需要修改某些规则,有可能是非常困难的,而且在开发的过程中并不能及时地发现某个要素是否能够带来预期效果。一切只有等到整个游戏设计完成后才能知道,如果到游戏开发后期才发现游戏并没有想象中那么好玩,但这时已经无法再对它进行修改了。因此瀑布模型对于一个游戏来说风险比较大。

螺旋开发模型则允许在整个游戏的开发过程中对每个要素进行及时的添加、测试和调整,并保证每个加入的元素尽可能地符合最后的目标。因此,游戏开发过程中更多地使用螺旋模型来进行开发。

在游戏设计中,螺旋开发模型也称为迭代开发模型[①],也叫作迭代增量开发。迭代过程是一个循环递增的过程,它的每一个循环都是想法创意、游戏原型、测试原型、分析评估的循环过程,如图 6-1 所示。

(1) 想法创意:对当前游戏雏形的游戏规则、系统的添加或者对前面一个迭代的修正。建议每一个迭代只测试尽量少的新添加的内容,比如只添加用抽取卡片来决定玩家的移动步数。

(2) 游戏原型:是当前游戏雏形的简易可玩版本。该原型要尽可能快速和低成本地

---

[①]　螺旋开发模型与迭代开发模型相比,螺旋开发模型更强调风险的评估与控制。

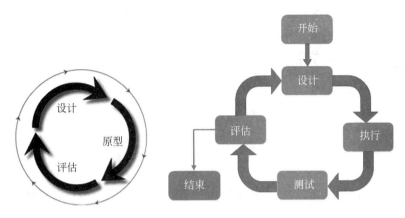

图 6-1　螺旋开发模型

实现,游戏原型可以是粗糙①的数字版,也可以是卡片、纸板、乐高、棋子等实体能够表达该想法的方式呈现,甚至利用实景游戏②来表达,如图 6-2 和图 6-3 所示。

图 6-2　"刺客信条 4"数字版原型

图 6-3　利用乐高创建实体游戏原型

　　(3) 测试原型:当搭建出可玩的原型之后,就可以邀请其他人员对该可玩性进行试玩和测试(如果有条件可以有针对性地邀请针对该游戏的目标人群进行测试),并记录下充分的反馈意见(无论是好的评价还是差的评价)。建议游戏设计师在玩家进行游戏的过程中能够在旁边观察玩家的反应和实时反馈,并做好记录。

　　(4) 评估:收集到该原型测试的反馈意见之后,设计师要对这些反馈意见进行分析和评估,判断在这个原型中哪些可以保留,哪些需要改进,如何改进,如果这个原型的可玩性非常差不得不抛弃时,也要学会忍痛割爱。如果采用螺旋型开发方法时,则更要考虑某个元素是否可以实现,也就是这个方案的可行性,并评估出它的开发风险。

　　(5) 循环重复。迭代过程最重要的特点就是增量循环。当完成评估并知道上一个迭代过程的问题之后,就要根据该问题对其进行修正。修正之后就要重新对该修正进行下

①　很多时候,当设计师发现一个想法不怎么有趣时,会用其他修饰方式(如画面、声音等)来掩盖这个缺陷,这是非常错误的做法,而原型测试可以尽可能地让用户不会受到其他修饰元素的影响。

②　实景游戏概念在《游戏改变世界》中有所定义。

一轮的迭代。从实际经验来讲,迭代次数越多,游戏就越趋向于完美。

# 6.2　迭代过程模拟

下面以经典的桌面游戏"飞行棋"为例,模拟展现整个游戏的迭代设计过程。

"飞行棋"的游戏规则如下。

(1) 核心体验:关于竞速的桌面棋类游戏。

(2) 主题:飞行。

(3) 游戏目标(胜利条件):玩家控制代表飞机的棋子,先到达终点的玩家胜利。

(4) 年龄段:6 岁以上玩家,男女不限。

(5) 玩家人数:2～4 人。

(6) 玩家化身:用不同颜色的棋子代表不同的玩家。

(7) 道具:一个 6 面骰子。

(8) 定位:家庭游戏。

(9) 游戏时间:游戏时间限定在半个小时到一个小时之间。

### 1. 分析该游戏的定位:家庭游戏

一般一个家庭由孩子和父母组成。孩子还可以划分为年纪较小的儿童和年纪较大的孩子。对于年纪较小的儿童,更能吸引他们的是较为简单而且容易上手和操作的游戏规则,并强调运气的玩法;对于较大年纪的孩子,可以适当加入简单的策略来吸引他们,太难的策略对于他们来说可能会让他们很快失去耐心;而作为成年人的父母,则更希望能够发挥他们的技能(策略和敏捷)。

通过上面的分析,儿童倾向于运气玩法,较大年纪的孩子和成年人则更加强调策略。但为了兼顾两者,可以混合"运气"玩法和"策略"玩法,并调整它们之间的比例来适应家庭游戏的玩家构成特点。考虑到家庭游戏一般是家长陪伴孩子进行游戏的,所以可以增大运气玩法的比例,再加入简单的策略技能。

### 2. 确定核心体验和玩法

该游戏的基本核心玩法是竞速。由于这个游戏需要较大的运气玩法,因此最常用的方式就是掷骰子。掷骰子一般采用轮回制的方式,每位玩家在每一轮中依次掷出骰子,并根据他所掷出的点数移动棋子,谁先从起点移动到终点,谁便是赢家。这也符合该游戏的核心体验设计:竞速。

可以设想,既然有起点和终点,是否可以设计一种地图,地图上有一条路径,这条路径被划分成许多格子,玩家需要沿着地图所提供的路径(这里把它称为航道)来移动,玩家掷出的点数就代表玩家可以移动多少个格子?

所以,从上面的分析和设计确定出这个游戏的核心玩法是:每一轮玩家依次掷出骰子,玩家根据当前掷出的点数在地图的路径上移动棋子相应的格数,当这位玩家到达终点时,这位玩家便获得胜利。

### 3.迭代

确定了该游戏的核心体验之后,便开始围绕该核心体验进行内容设计,比如玩家化身、道具、地图场景、谜题、任务、规则等。那么从哪方面开始入手呢?这里并没有一个固定的次序,此时只能根据当前游戏的实际情况出发来寻找切入点。在这个游戏中,可以认为游戏地图和游戏规则较为重要的。因此,先从游戏地图开始,然后根据迭代的反馈情况来丰富其他的内容。

(1)游戏空间的设计。

玩游戏需要有游戏空间,这个空间是游戏的发生地,也是游戏规则的载体,它在很大程度上影响了整个游戏的可玩性和规则,因此需要仔细地设计。该游戏因为是在桌面上玩的,因此可以把它限定在一张方形的棋盘上,棋子的移动沿着棋盘上的一条路线进行。这条路径有起点也有终点。那么这条路线应该是什么样子的呢?直线、S 型、首尾相接环状地图、螺旋形还是蜂窝状地图?

每种路线形状都有它自己的特点,比如直线,这种路线笔直,地图比较简洁,但在方形纸张上利用率并不高,要满足游戏最短半小时的时间,经过测试其游戏时间非常短(一些小的问题有时候靠的是直觉);如果要增加游戏时间,除了有其他复杂的设定之外还可以增加直线的长度,但这样整张地图面积就太过庞大了。从地图利用率和可玩性上考虑,参考操场的跑道,最终采用收尾相接环状地图也许比较合适,如图 6-4 所示。

这种环状圆形路径能够给玩家带来你追我赶的感觉,并把玩家的起始位置放置在路径外边。继续思考,是否能再增加这张地图的利用率呢,尝试着把它绘制成方形的,如图 6-5 所示。

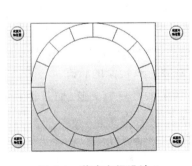

图 6-4 游戏空间设计 1

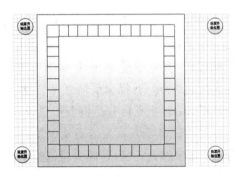

图 6-5 游戏空间设计 2

与圆形棋盘相比,在差不多大小的格子面积下,方形的格子数可以再增加一些。但是首尾相接的路径较难确定它的终点位置,无论把终点放在路径上的任何地方,每位玩家到达同样的终点的长度都是不一样的,这样就会有失公平。是否可以把终点放在棋盘中心呢？同时每位玩家都需要绕着左方向进行移动,这样就保证了每位玩家到达终点的路径的距离是一致的,同时能够保证终点汇聚在一起,如图 6-6 所示。

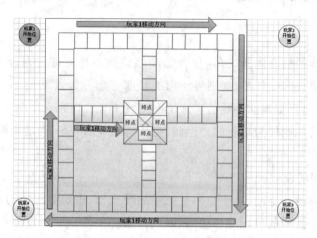

图 6-6　游戏空间设计 3

地图雏形确定之后,就可以在这个"舞台"上自由发挥了。同时可以利用概率论中的数学期望来初步确定棋盘的格子数。因为玩家通过掷一个六面体的骰子在决定棋子移动的格数,因此每一局玩家能够移动的格子数可以是从 1～6 的数。我们知道,掷一个六面体出现的每一个数字的概率都为 1/6,因此其期望值为 $1×1/6+2×1/6+3×1/6+4×1/6+5×1/6+6×1/6=3.5$,也就是从长期看来,玩家每一局平均移动的格数为 3.5 格。而现行的"飞行棋"每个棋子最多行走的格子为 55 个格子,也就是说,每一局游戏每一位玩家可能需要 55/3.5＝16 轮的掷骰子。如果每位玩家从掷骰子到移动棋子所消耗的时间平均为 8s,那么 4 位玩家同时玩该游戏,每一局玩家只控制一颗棋子,需要的时间大约为 8×4×16＝512s,也就是 8min 左右。接下来开始对该游戏进行迭代设计。

（2）第 01 次迭代。

迭代内容：每位玩家在游戏开始时把自己的棋子放在起始位置(这里称为基地),然后在每一轮中,玩家依次通过投掷骰子掷出的点数来移动棋子,直到到达终点。

测试过程：把玩家分成 6 组,每组 4 位玩家,每组按照目前的规则把游戏玩完(即第三位玩家到达终点),并提交反馈意见。设计师随时观察记录玩家的状态。

测试反馈：玩家觉得只是掷骰子移动棋子这个玩法太过单调无聊,而且游戏时间非常短。经过测试,6 组玩家完成游戏平均只花费 5min 时间。

分析：玩家感到无聊,是因为目前这个游戏只是一种纯运气玩法,缺乏变化。但按照前面的分析,该游戏又需要较大比例的运气玩法,因此,是否可以加入另外一个规则来弥补呢?

改进：根据概率论,当对一个骰子进行投掷的次数非常多时,每一面朝上的概率是趋于一致的,但是在掷出的次数较少时,要指定某一面朝上是需要一定的运气的,因此尝试增加一条游戏规则,玩家的棋子在起始位置时,只有当骰子掷出 6 时,才能从起始位置移出来。下面就对这个新增的规则进行测试。

（3）第 02 次迭代。

迭代内容：每位玩家的棋子只有在第一次掷出 6 时，才能从基地"起飞"，也就是可以从基地出发。

测试过程：把玩家分成 6 组，每组 4 位玩家，每组按照目前的规则把游戏玩完，并提交反馈意见。设计师随时观察记录玩家的状态。

测试反馈：添加了这个规则之后，游戏时间平均增加到 10～20min，可以发现在玩家起飞前的掷骰子过程中，玩家对是否掷到 6 这个过程非常在意，也能够很大程度调动游戏的气氛，这种气氛与玩赌博类游戏时的反应是差不多的，玩家都渴望早于其他玩家起飞。如果有其他玩家已经率先掷到 6，那些未起飞的玩家掷到 6 的渴望会更大。

分析：归其原因，因为玩家对是否能够起飞是事先无法判断的，当面临不确定因素时，会有更多的紧张感。因此，这个规则比起第一次迭代来说，其趣味性增加。但是现在有一个问题，当所有的玩家都起飞之后，其体验又回到第一次迭代的状态中，掷骰子、移动棋子、掷骰子、移动棋子……所以其趣味性只停留在起飞阶段，为了增加玩家起飞后的可玩性，需要为这个阶段添加上其他的规则。

考虑到玩家每一次起飞都来之不易，所以是否可以采取某种方式，使得玩家在移动棋子的过程中需要冒着重新回到基地的风险？

改进：在不增加其他元素的条件下，融入玩家多边对抗是一个不错的办法。这里提出"撞子"的规则：棋子在行进过程中走至一格时，若已有敌方棋子停留，可将敌方的棋子逐回基地。

（4）第 03 次迭代。

迭代内容：测试"撞子"的规则。

测试过程：把玩家分成 6 组，每组 4 位玩家，每组按照目前的规则把游戏玩完，并提交反馈意见。设计师随时观察记录玩家的状态。

测试反馈：在整个游戏的过程中，遇到"撞子"的情况非常少，甚至连续几局的游戏中没有出现"撞子"的情况。在偶尔遇到"撞子"情况时，要被逐回起点的玩家会有紧张的情绪出现。因为玩家不希望自己在这一局中从头再来。

分析：从此次迭代来看，"撞子"确实能够给玩家带来更多的紧张感，但其发生的概率太低，因此需要增加"撞子"的发生概率。

改进：在当前的条件下，增加"撞子"概率的最好方法是增加每位玩家能够控制的棋子的数量。那么增加多少呢？如果棋子太多，棋盘可能会很快杂乱无章，同时"撞子"概率太大，玩家感受到挫败感的频率也会随之增加，这种情况也是要避免的。从直觉上看，每位玩家只控制 4 个棋子，也许较为合适。

（5）第 04 次迭代。

迭代内容：保持原来规则不变，每位玩家可控制的棋子数量为 4。

测试过程：把玩家分成 6 组，每组 4 位玩家，每组按照目前的规则把游戏玩完，并提交反馈意见。设计师随时观察记录玩家的状态。

测试反馈：现在玩家碰到"撞子"的概率比上次迭代有所增加，同时也有可能一局中"撞子"的情况一次也未发生。但其可玩性比上几次迭代提高不少，而且游戏时间也比上几次迭代长许多。

分析：这种不确定的危险性，让玩家感觉在玩游戏中更加刺激。因此，这种设定应该可以保留，不需要继续修改。继续分析，如果玩家之间未遇到"撞子"的情况，那么还是保持掷骰子、移动棋子、掷骰子、移动棋子的无聊循环状态，因此应该需要改变这种状况。

既然是飞行棋游戏，是否有一些飞行的元素在游戏中呢？考虑到每位玩家所持的棋子颜色不同，而且棋盘上的路径格子比较多，是否可以用棋子的 4 种对应颜色相隔依次填涂在棋盘格子上，当对应颜色的棋子落到该颜色的格子上时，可以向前跳到下一个相同颜色的格子上。这个规则叫作"跳子"。

（6）第 05 次迭代。

迭代内容："跳子"规则。

测试过程：把玩家分成 6 组，每组 4 位玩家，每组按照目前的规则把游戏玩完，并提交反馈意见。设计师随时观察记录玩家的状态。

测试反馈：这个规则的加入，使得游戏的可玩性大大增加。该设定改变了一成不变的掷骰子、移动棋子的单调玩法，使得游戏的节奏变化更加多样，同时玩家需要做出更多的思考来推进游戏。玩家在掷出骰子之后，会思考移动哪颗棋子更加有利，比如棋子是否能够落到相同的颜色格子上，是否能够对敌人造成"撞子"威胁或者避开别人的"撞子"。

分析：这种设定增加了玩家可选择的元素，而且这些选择对于推进游戏是有意义的，同时，当玩家把敌人送回基地，或者走到一个相同的颜色格子上时"腾飞"到下一个格子上，便很容易产生成就感，因此该设定可行。

到此，"飞行棋"游戏的规则已经基本成型，虽然还有许多细节可以考虑，比如"叠子"也是一个非常有趣的设定，而且当遇到敌方的叠子时，己方应该怎么办，如果一个玩家运气太差始终没有掷到 6，此时玩家会感到沮丧等，由于篇幅原因，这里不再展开。

读者从上面的例子可以体会到，游戏设计师可以从游戏的迭代过程中学习到很多意想不到的东西。有些可能设计师认为是好玩的元素，但经过测试之后才发现并不是想象中那么有趣。所以，迭代测试对于游戏开发非常有用，也是必需的一个过程。它可以让设计师直观地及时发现问题，并提供解决问题的方向。

## 6.3　关于游戏原型

在游戏设计的迭代过程中，游戏原型是非常重要的一环。把每一个想法用原型实现，不仅可以简化游戏可玩性呈现的过程，也让设计师更加清楚地发现这些想法的优缺点，同时也让团队的成员更加直观地了解设计师的设计意图，更重要的是它可以以最低的成本和风险来改进游戏。

一般地,游戏原型大致可以分为三种:实体原型、软件原型以及实体原型。下面简单地介绍这些原型的概念。

## 6.3.1　实物原型

实物原型使用各种实际材料来制作原型。这种原型可以更加纯粹和快速地搭建起能表达核心游戏想法的模型,而且这种原型的材料随处可见,比如纸张和笔、棋子、骰子、乐高、卡纸,甚至是你面前的杯子和茶壶(无论使用什么东西,只要能够快速表达出想法并进行实际操作的任何物体都可以),这种快速和低成本的实体原型是游戏设计师最常用的原型类型,如图 6-7 所示。

图 6-7　实物原型

## 6.3.2　软件原型

有一些游戏玩法可能无法用实体原型来表达,或者为了测试某一个效果是否能够用技术来实现,这个时候就要用到软件模型了。软件模型是使用游戏引擎、关卡设计软件或者是纯粹的程序语言来实现。主要是能够让设计师更贴近最终产品进行测试的一种手段。一般不会考虑画面效果和其他艺术形式,只是使用简单的元素来表达想法的可玩性和可行性,同时也关注某个想法的技术可行性。

比如"俄罗斯"方块,用实体原型可能并不能很好地表达方块往下落的感觉,所以制作一个软件原型是一个不错的选择。以及一些需要人工智能来控制的 NPC,也只能通过程序来实现。

### 1. 利用程序语言实现原型

在使用程序语言原型时,可以用各种编程语言来实现某些技术效果,比如 EA 的"孢子",设计师们就为这个游戏创建了大量的软件原型来测试各种玩法,如图 6-8 所示,该原型是用于验证是否可以用技术来实现细胞分裂、生物进化、整个生态环境的模拟等过程。

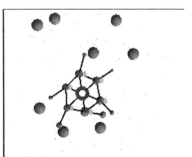

图 6-8　"孢子"原型

**2. 使用关卡编辑器或者游戏引擎来快速搭建游戏原型**

现在很多游戏为了延长游戏的寿命,开放了一个关卡编辑器,这个编辑器可以让玩家发挥创意,设计自己的地图,比如"星际争霸"地图编辑器、"海岛大亨"地图编辑器、"虚幻竞技场"关卡编辑器、"我的世界"(Minecraft)等都是非常方便的地图创建工具。这些公布的地图编辑器可以让玩家自行设计自己的地图,同时也为游戏设计师提供了一种快速创建原型的手段。如图 6-9~图 6-12 所示。

图 6-9　"星际争霸"地图编辑器

图 6-10　"海岛大亨"

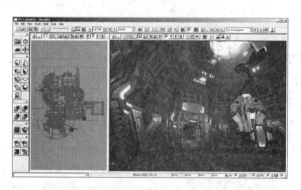

图 6-11　"虚幻竞技场"关卡编辑器

图 6-12　"我的世界"

如果是更加专业的工具则是采用游戏引擎来完成关卡的设计。这些工具都有一个特点,就是提供一个可视化的所谓"所见即所得"的关卡编辑器(或称为场景编辑器),设计师通过拖曳就能够创建出符合需求的场景。而且在创作原型时,设计师都使用简单的几何形体来搭建游戏的原型,而一个成熟的游戏引擎基本都包含快速创建集合体的工具和基本素材。比如针对 2D 角色扮演类(RPG Maker)的编辑器、针对 3D 射击游戏的"虚幻 3"游戏引擎和 Unity3D 游戏引擎等,如图 6-13~图 6-15 所示。

## 6.3.3　实景游戏原型

实景游戏就是采用真人作为游戏化身,利用实际的场景作为游戏平台。这种原型可

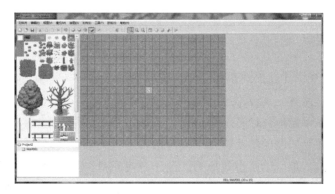

图 6-13　RPG Maker

图 6-14　虚幻引擎

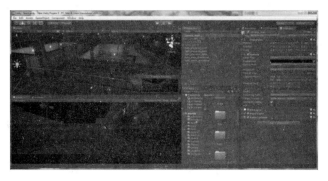

图 6-15　Unity3D

以让游戏设计师更加深刻地体会到这些设定所带来的感受。利用实景游戏原型,可以让玩家在测试的过程中更加投入,从而能够得出更准确的结论。比如"真人 CS",便可以看作是视频游戏 CS 的实景游戏版本。

# 小结

本章介绍了游戏设计过程的迭代与交互式原型设计的基本概念。游戏的迭代设计以增量迭代的方式进行,每一次迭代包括想法创意、游戏原型实现、测试原型、评估 4 个阶段,每一次迭代都尽可能地还原某个想法的可玩性。利用这种方式,游戏设计师能够更加直观地发现问题,并为问题的解决提供了实际的参考。关于游戏原型,任何能够快速地创建出来的可玩性版本,都可以是游戏原型。制作游戏原型有很多种方式,最常用的有实体原型、软件原型和实景原型。这些原型一般不会考虑游戏的最终艺术效果,甚至可以说是粗糙的,但它承载着体现游戏可玩性的一种手段。应该强调,在未经过测试的情况下就一股脑把所有的想法写到最终的游戏设计文档中,接着就原封不动地交给其他团队进行实现是非常危险的做法。

# 作业

1. 游戏设计的每一次迭代包括哪些步骤?

2. 游戏原型可以采用哪些手段来实现?

3. 请以迭代为设计过程,对"飞行棋"进行规则修改,使它成为一种不同于现有规则的游戏。要求把迭代过程记录下来,最后把玩家完成游戏的过程录制成视频。

4. 请以迭代为设计过程,设计一款竞速类游戏,并把迭代过程记录下来,最后把玩家完成游戏的过程录制成视频。

主题:汽车装配。

游戏目标:把一辆汽车装配完成。

年龄段:家庭游戏,男女不限。

定位:家庭游戏。

5. 利用一些公开的游戏关卡地图编辑器,制作一个小的游戏原型。

6. 学习 RPG Maker,并制作一个小型的角色扮演类游戏。要求有主题、故事情节和目标任务。

7. 利用一款游戏引擎搭建一个小的闯关类游戏的原型。

8. 设计一个实景游戏,以教学楼为场景,请列出该游戏的主题、目标、玩家数量和玩法,并记录下迭代过程,并把最终的游戏过程录制成视频。

# 第 7 章
# 视频游戏互动方式

游戏与其他艺术形式之间的最大差别在于交互性。交互性,就是玩家与游戏世界交流的基本途径。玩家从当前的游戏状态中做出反应,游戏对当前玩家的反应做出反馈,玩家再通过这个反馈与游戏进行互动,如此循环。在目前的视频游戏技术中,玩家主要通过从显示输出设备中获得游戏的信息,利用输入设备与游戏中的元素进行互动。作为视频游戏设计师,如何给玩家提供良好的互动体验是其重要的职责之一。本章将从游戏的游戏世界维度、摄像机视角和游戏控制器三个方面来展开。

## 7.1 游戏世界维度

游戏都需要在某种空间中进行,这个空间也可以称为游戏场景或关卡。所有的挑战和元素都发生在这个空间中,玩家也在这个空间中不断做出游戏行为。可以这么说,游戏空间在很大程度上决定了整个游戏的过程。随着计算机技术的发展,现在已经发展出几种不同维度的游戏世界。分别是 2 维、3 维(简称 2D、3D)游戏世界。按照惯例,采用这些维度的游戏分别被称为 2D 游戏和 3D 游戏。

### 7.1.1 2D 游戏

2D 游戏从视觉上看是一种平面的显示方式。在早些年的游戏中,由于渲染技术还不成熟,所以多采用平面图片(或像素)的方式来绘制游戏场景。比如"吃豆人"、"俄罗斯方块"、"超级玛丽"、"雷电"等游戏都属于 2D 游戏的范畴。而基于移动平台的游戏,尤其是智能手机和平板电脑的大量普及,也涌现出大量优秀的 2D 游戏作品,如"愤怒的小鸟"、"割绳子"、Flappy Bird 等,如图 7-1 所示。

图 7-1 "愤怒的小鸟"

2D 游戏的特点是,游戏中所有元素的移动范围只限在上下左右的方位上,但不包括纵深轴向(虽然可以通过视觉错觉来模拟纵深效果,但其实现技术还是基于二维的)。由于 2D 游戏使用图片来表达场景中的所有元素,因此可以给玩家带来各种奇特的艺术感觉,其实现也较为简单,但其可表达的内容、真实感和临场感与 3D 游戏相比并不占优势。

在 2D 游戏中,有一种特殊的维度类型,就是 2.5D。这种表达方式能够在一定程度上模拟纵深的活动范围,但其原理还是基于 2D 游戏的,只是在画面角度上把它绘制成有立体感觉的斜视角,而且,这种维度也采取了图层的概念来模拟 3D 的遮挡关系。比如"仙剑奇侠传"、"轩辕剑"、"暗黑破坏神"等 RPG 游戏和即时战略游戏"星际争霸 1"等都采用这种类型的表达方式,如图 7-2 所示。

图 7-2　"轩辕剑"

## 7.1.2　3D 游戏

人类所存在的世界就是一个三维世界(或称为立体世界),这个世界除了有上下左右之外,还有前后的纵深方位。人们玩游戏的一个重要原因,就是沉浸。在 2D 游戏以及之前,玩家并不能真实地沉浸在游戏中,也就是说,与现实世界相比,这些游戏有点"假"。但伴随 3D 渲染技术的迅猛发展,创作出栩栩如生的 3D 游戏场景已经不再是难题。如"使命召唤"、"古墓丽影"、"生化危机"都能够利用三维渲染技术把整个游戏气氛渲染得非常到位,如图 7-3 所示。

图 7-3　"古墓丽影"

3D 游戏最大的特点就在于其活动的自由度比 2D 高,而且能够更容易营造真实的气氛,让玩家更容易沉浸在游戏中。但创作 3D 游戏的素材是与 2D 游戏完全不同的技术手段。2D 的是采用图片的方式来制作,而 3D 游戏的素材是需要经过三维建模软件把场景创建出来,再利用贴图技术把材质纹理绘制到模型上,接着就是灯光布局等步骤来完成。所以制作难度比 2D 游戏要大。3D 游戏有一个致命的弱点,就是对于有些玩家来说,会产生晕眩等不适症状。但由于其临场感和真实感,使得越来越多的玩家更加倾向于选择 3D 游戏。

## 7.2　摄像机视角

在游戏场景中,有一种被称为"虚拟摄像机"的对象,它往往被比喻为玩家在游戏中的眼睛,它把所看到的游戏内容通过显示器展现给玩家。与拍摄电影中的镜头语言一样,也可以根据摄像机的位置、移动方式和角度分成不同的摄像机视角。接下来介绍常用的一些摄像机视角类型。

### 7.2.1　基于 2D 游戏的摄像机视角

2D 游戏由于受到维度的限制,其摄像机视角的类型比较少。常用的有固定视角、横向滚轴、竖向滚轴、斜视角(等轴视角)和纵深视角 5 种。

(1) 固定视角:固定视角假定摄像机在整个游戏过程中是静止的,它以一定的位置和角度"观察"着游戏世界。这种视角在同一时间便把整个游戏场景呈现出来。Pong、"大金刚"和"小蜜蜂"都属于固定视角的 2D 游戏,如图 7-4 所示。

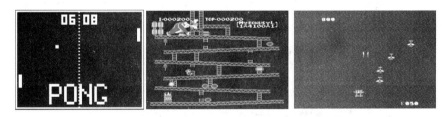

图 7-4　"Pong"、"大金刚"、"小蜜蜂"

(2) 横向滚轴:也称为横版滚轴游戏。这类视角假定摄像机视线与游戏场景保持垂直,在游戏过程中,摄像机只能通过左右来改变拍摄场景不同位置的内容。横向滚轴游戏一般在横向上有较长的背景内容,因此可以展现更多的内容,就像"魂斗罗"、"松鼠大作战"、"双截龙"等经典游戏都属于横向滚轴游戏,如图 7-5 所示。

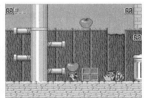

图 7-5　"魂斗罗"、"松鼠大作战"、"双截龙"

（3）直向滚轴：与横向滚轴相对，这类视角也是假定摄像机视角与游戏场景保持垂直，在游戏过程中，游戏场景只在上下方向上移动。因为这种视角能够更好地表现速度感，所以在很多飞行射击类中经常用到，比如"1943中途岛海战"、"雷电"等都属于这种视角。当然，其内容也不局限于飞行射击类，像"是男人就下一百层"、"古巴战士"等，只要是游戏设计需要，纵向滚轴也可以运用在其他游戏类型中，如图7-6所示。

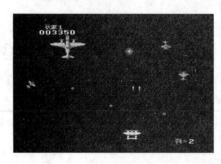

图7-6　"1943中途岛海战"、"古巴战士"

（4）斜视角（等轴视角）：在这类游戏中，摄像机是架设在场景的上方以一定的方位向下观察场景（就像玩家就是上帝一样，站在云端审视这个世界）。这种视角能够更全面地表现角色周围的环境，能让玩家更好地观察各个物体之间的关系。这种视角利用摄像机的角度来用二维的画面模拟三维的效果，所以也被称为2.5D游戏。但这类视角为了让玩家能够更全面地观察整个区域，并没有采取近大远小的3D透视效果，当然，这样做也是为了降低美术人员的工作量。在很多的RPG游戏中，都采用了这种斜视角技术，如图7-7所示。

图7-7　"仙剑奇侠传"

（5）纵深视角：这种视角也是利用视觉错觉来模拟一种纵深感，比如"南极企鹅大冒险"、"方程式赛车FC"等都利用平面的美术透视错觉（近大远小）来模拟一种纵深的立体效果，如图7-8所示。

以上是非常常用的2D类游戏的视角类型，当然，根据游戏的需要，也不必在一个游戏中单一地使用一种类型，也可以是自由视角，比如即时策略类游戏"星际争霸1"，它可

图 7-8　"南极企鹅大冒险"、"方程式赛车 FC"

以自由地上下左右移动摄像机,这也是考虑到这样玩家可以更方便地观察周围的环境和形式。还有 1992 年由 id Software 开发的"德军总部 3D"则是利用伪 3D 的方式呈现出第一人称设计的效果,如图 7-9 所示。

图 7-9　"德军总部 3D"

## 7.2.2　基于 3D 游戏的摄像机视角

随着 3D 渲染技术的发展,游戏的维度在 2D 游戏的基础上加入了一个纵深维度。这也为游戏摄像机提供了更灵活、更自由的发挥空间。下面介绍常用的 3D 游戏摄像机视角。

(1) 第一人称视角。随着"德军总部 3D"和"毁灭公爵"等游戏的发布,第一人称视角类型的游戏逐渐受到玩家的喜好。这类视角把摄像机绑定在玩家化身的眼睛上。这种方式能让玩家感觉自己就是游戏中的角色一样,其代入感更加强烈。由于第一人称视角的特点,使得玩家更容易瞄准,所以这类视角往往被运用在射击类游戏中,CS、"使命召唤"等都采用这种方式而取得巨大成功。还有如"极品飞车",则可以实现让玩家就是驾驶员的感觉,更能让玩家体验到驾驶的乐趣。当然,第一人称也有它的缺点,如不能看到玩家化身,那么对于那些需要以肢体动作为主要玩点的格斗类的玩法就不太适合。还有,视线角度范围较窄,所以不能同时观察周围的具体环境,同时这种视角也局限了镜头语言的使用。所以是否使用第一人称视角,也是需要根据游戏的需要来做选择,如图 7-10 所示。

(2) 第三人称视角。第一人称视角是看不到玩家化身的,而第三人称视角则没有这个问题,它的最大特点就是能够看到玩家化身。比如"古墓丽影"、"寂静岭"等都是优秀的

图 7-10　第一人称视角游戏

第三人称视角类游戏。这种视角除了能够看到玩家化身之外,还能及时让玩家观察和感受化身周围的环境和气氛,因此,在一些打斗类或者解密类游戏中常会用到,这样玩家不仅可以欣赏到角色的身段,也可以及时发现周围潜在的危险。第三人称视角的方式对于游戏设计师来说可以考虑更多的镜头语言,如"生化危机—启示录",设计师为了渲染恐怖的气氛,对每一个镜头的位置和角度都进行了细致的研究和布置,如图 7-11 所示。

图 7-11　"生化危机—启示录"

　　在三维世界中,第三人称视角的控制方式可以多种多样,总结起来可以分为主动式摄像机控制模式和被动式摄像机模式。主动式摄像机模式是玩家可以对摄像机进行操作,而主动式摄像机控制模式则是由游戏自主控制。

　　(3)空中视角。也称为"上帝视角"。摄像机在场景上方往下看。这种视角可以一次性看到游戏中的较大范围的场景,这有助于玩家从大局上观察周围环境并及时做出判断。这种视角在即时战略等需要同时观察游戏环境和多个控制单位的游戏中经常使用。比如"命令与征服"、"星际争霸"、"帝国时代"等都采用了这种视角。还有"仙剑奇缘"、"轩辕剑"等角色扮演类和建造类"模拟城市"、"虚拟人生"也属于这种视角。值得一提的是,"黑与白"这款游戏让玩家在游戏中扮演的是一个维护人间和平的上帝角色,充分发挥了空中视角这种"上帝注视众生"的感觉,如图 7-12 所示。

　　以上三种类型的视角是比较经典的,但由于三维空间的自由度较高,所以其摄像机的

图 7-12 "黑与白"

机位和角度可以变化多样,所以也不拘泥于以上的摄像机视角,只要是游戏需要,视角不干扰玩家的游玩,都可以采用。

# 7.3 游戏控制器

一个游戏是否能够让玩家享受舒服的体验,游戏控制器是一个重要的决定因素。所谓游戏控制器,就是玩家通过这些控制器来与游戏世界进行交互,它是玩家与游戏世界之间的连接纽带,它也可以被叫作游戏的"输入设备"。比如摇杆、手柄、键盘、鼠标、触摸屏、体感感知控制器都是游戏作品中常用的控制器。

### 1. 旋钮控制器

旋钮控制器可以说是最早的视频游戏控制器。旋钮原先是用于如示波器、收音机和电视机等设备上。运行于示波器上的"双人网球"和运行于 PDP-1 计算机上的"太空大战",都是采用旋钮控制器来进行操作。对于"双人网球",它使用两个带有轨道控制的旋钮和一个击球钮的盒状控制器来控制球拍和击球,而"太空大战"则利用两个旋钮来分别控制导弹的飞行路线和速度。被公认的第一款游戏机"奥德赛"(Odyssey)同样也采用了这种原始的旋钮设备作为游戏的控制器,如图 7-13 所示。

### 2. 摇杆控制器

这种摇杆控制器据说是由几名法国飞行员发明的。这种控制器其实就是利用一根控制杆来操作游戏,比起旋钮控制,玩家能够更舒适、方便、灵活、维度更多地来操作游戏,所以后来的很多游戏都普遍使用摇杆控制器作为游戏的操作设备。这种摇杆控制器一般除了带有一根控制杆之外,还配备了一个到多个按钮,这根摇杆用来实现移动操作,而按钮用来实现子弹发射、跳跃等操作。由于摇杆控制器的优势,直到现在,摇杆控制器还仍然很受欢迎,而且在多个平台上也能见到它的身影,比如街机、家庭游戏主机(如 PS、Xbox 等),如图 7-14 所示。

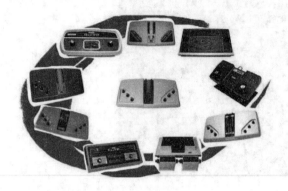

图 7-13　旋钮控制器　　　　　　　　　　　图 7-14　摇杆控制器

### 3. 游戏手柄

顾名思义,游戏手柄就是玩家可以把这个控制器握在手中进行游戏的输入设备。它起源于任天堂的 FC 家庭游戏机。它利用一个布局在手柄设备左边的方向键和分布在手柄右侧的按钮组成。这样,玩家就可以利用左手来控制方向,用右手来负责按键操作,而对于暂停和开始这两种较少操作的按钮则被安排在手柄中间,这种更加人性化的布局也被称为游戏界的标准手柄布局。时至今日,大部分游戏机的控制器也仍然沿袭这种设计(虽然很多游戏手柄在按键数量和类型上有所不同,但其基本格局还是保持不变)。如图 7-15～图 7-17 所示。

图 7-15　游戏手柄 1　　　　　图 7-16　游戏手柄 2　　　　　图 7-17　游戏手柄 3

### 4. PC 键鼠设备

个人计算机作为重要的视频游戏的载体,其控制方式也因地制宜,利用了键盘和鼠标作为游戏控制器。由于计算机键盘的按键较多,鼠标的灵活性更大,所以游戏设计师可以为各个按键设计更多的功能。但一般来说,设计师都会考虑大多数玩家的操作习惯来对按钮进行功能设计,比如键盘上用于控制方向的 ASDW 键、鼠标移动改变视角以及鼠标左键的"发射"键都是玩家所熟悉的,如图 7-18 所示。

图 7-18　PC 键鼠设备

### 5．触摸感应屏

触摸屏的出现和普及，对于游戏控制器来说是一次颠覆性的革命。它与传统的按钮式控制方式不同，它抛开了手柄、鼠标和键盘等物理设备，其控制方式能够让玩家直接在显示游戏的屏幕上通过手指点击、滑动等操作来更直接地与游戏互动，从而拉近了玩家与游戏之间的距离。这种方式在一定程度上代替了鼠标的功能，但其交互方式更便捷，更直接。比如"水果忍者"、"愤怒的小鸟"、"植物大战僵尸"、"神庙逃亡"等基于触摸屏技术的游戏也孕育而生，如图 7-19 所示。

### 6．重力感应控制器

一般指移动端设备（智能手机、平板电脑）的重力感应装置来控制游戏的一种方式。知名的"平衡球"便是充分利用重力感应器的经典作品。玩家通过向各个方向倾斜手机来控制小球的滚动方向，就像在一个纸板上放着一颗球，倾斜这个纸板，小球就会朝着倾斜的方位滚动，如图 7-20 所示。

图 7-19　触摸感应屏

图 7-20　重力感应控制器

#### 7. 体感控制器

伴随着任天堂 Wii 体感游戏的诞生,以体感控制器为玩法的游戏平台和游戏也如雨

后春笋般发展起来。体感控制器,是通过体感感知设备来跟踪、获取玩家的肢体动作,从而达到利用玩家的姿态来与游戏进行交互的一种方式。其中,微软的 Xbox 中的 Kinect 体感设备最为知名。它使得玩家在玩游戏的过程中不需要手持任何设备,便能进行游戏,同时由于它能识别玩家的各种动作,如出拳、跳跃、挥手等动作,使得基于体感控制器的体育游戏也孕育而生,如图 7-21 所示。

图 7-21    体感控制器

在设计一个游戏时,需要针对这款游戏选择控制器,因为不同控制器适用的游戏类型是有所区别的。比如针对触摸屏开发的"水果忍者"就不太适合用鼠标来控制,而基于 Kinect 制作的 Sports 游戏如果把它移植到用鼠标键盘来控制的 PC 上,则失去了它原来的目的了。

同时,在为游戏设计操作方式时,要尽量按照玩家的习惯来进行设计。比如 PC 上的 ASDW 键是用于控制前进后退的,鼠标移动适用于改变视角方位,鼠标右键用于瞄准,左键用于开枪等。以上可能是大部分右撇子的人的操作习惯,如果遇到左撇子的玩家呢?为了最大程度地满足玩家的习惯,还要为玩家提供可以自定义的控制设置。

最后,操作的舒适性是影响玩家体验游戏的因素之一,要达到这一点,除了要选择合适的控制方式之外,还要进行大量的测试,以确定某个按键的设置是否不会让玩家感到别扭。

# 小结

本章介绍了视频游戏的基本互动方式,首先按照游戏世界的维度把视频游戏划分为 2D 游戏和 3D 游戏。在 2D 游戏中,游戏中的元素的活动轴向只能是上下左右,并不能真正实现纵深感,随着 3D 实时渲染技术的发展,游戏场景也开始使用 3D 技术来绘制场景,这也使得游戏能够表现得更立体、更真实。这也是现在很多 3D 游戏的卖点之一。玩家要看到游戏场景,就需要有一台摄像机,虽然这台摄像机是虚拟的,但它代表了玩家审视游戏场景的角度和位置。在 2D 游戏中,常见的游戏视角有固定视角、横向滚轴、直向滚轴、斜视角和纵深视角。在 3D 游戏中,由于具有更多的活动自由度,使得 3D 游戏的摄像机视角也更加多样,较为常用的则有第一人称视角、第三人称视角和空中视角等。最后,介绍了起到玩家与游戏之间的桥梁作用的游戏控制器。游戏控制器也可称为输入设备,其中,旋钮控制器现在已经不多见,但摇杆控制器、手柄控制器、键盘鼠标、触屏和重力感

应,以及体感游戏则占领了现在所有的游戏市场。

# 作业

1. 请说出 2D 游戏与 3D 游戏之间的区别,以及它们的优缺点。

2. 请列举出常用的 2D 游戏的摄像机视角,并试列举出每种使用该种视角的不少于 5 个游戏作品,同时分析采用这一视角对于这款游戏有什么好处和劣势。

3. 请列举出常用的 3D 游戏的摄像机视角,并试列举出每种使用该种视角的不少于 5 个游戏作品,同时分析采用这一视角对于这款游戏有什么好处和劣势。

4. 请列举出常用的游戏控制器,并试列举出每种适合使用该种控制器的不少于 5 个游戏作品,同时尝试分析这款游戏为何会采用这种控制方式,有何优势。

5. 分析第一人称视角和第三人称视角的优缺点。

6. 利用触屏控制,设计一款主题为"抓蝴蝶"的小游戏。要求选择合适的游戏场景维度、视角和操作方式,尽可能新颖。

# 第 8 章

# 数值策划基础

评估一个游戏是否有趣有很多的衡量标准,其中,游戏的平衡性是最重要的一个指标。而游戏是否平衡,则很大程度上取决于该游戏中每个对象的各个属性之间的数值和属性关系是否合理。在早期的游戏中,由于游戏较为简单,所以数值策划并没有被游戏设计师所重视,但是随着游戏复杂程度的增加,同时伴随着对游戏可玩性的理论研究的深入,会发现数值策划的重要性。数值策划在游戏规则和游戏机制的设计中,所占的比例越来越大,其核心地位也越加突出,尤其在当今的网络游戏中起到不可磨灭的作用。因此,在游戏策划的工作中,也逐渐细化出游戏数值策划的部分,由专门的数值策划师来完成。

## 8.1 数值策划

### 8.1.1 什么是数值策划

每一个游戏都是由各种各样的元素组成,这些元素可以是玩家化身,也可以是 NPC,或者是各种道具装备,而这些元素又由各种数据来决定其属性,如移动速度、攻击频率和攻击力度,防御能力等。而这些元素又构成了大大小小的相互关联的系统,游戏系统和数字模型的创建和相互关联都是由数值策划来承担设计的。所谓数值策划,就是利用各种数学工具和方法,创造一系列可以表达游戏意图的数据模型。比如攻击伤害值与攻击距离之间的关系,角色英雄受到攻击时与敌人的攻击力和自身防御力之间的关系,角色的级别成长曲线是什么,需要多少经验值才能从某个级别提升到更高的一个级别等,这些都属于数值策划的范畴。

### 8.1.2 数值策划的作用

玩家在议论一个游戏时,经常会说,这个怪物很容易打,那个大 Boss 很难拿下,而且攻击力很强等。这些都是游戏设计师要传达给玩家的感觉。这些感觉的内在,就是这些敌人的属性值的设定。因此,数值策划最重要的一个作用便是体现游戏需要表达的意图,举例来说,玩家化身的成长曲线,是“方董永”式的先快后慢,还是“大器晚成”型的先慢后快,都可以用数值策划的方法设计出来。一个敌人是攻击型的还是防御型的也可以由数值来体现。

再者,数值策划也是平衡一个游戏可玩性的最重要的工具。精心设计的数值可以在最大程度上避免"统治性"策略的发生，也可以实现对抗方之间相生相克的效果。

而在游戏设计的过程中，数值策划所设计的数据也能为程序员提供更加确切的数据，使得程序员能够更准确地以他们的思维来理解这个游戏，从而减少用文字描述带来的歧义。

### 8.1.3　数值策划所需要的基本能力

数值策划可以说是技术含量较高的过程，因此对设计者来说具有一定的要求。

（1）数学基础。数值计算需要经常和数字、公式打交道，数学基础是从事数值计算的人员一项不可或缺的能力。对初等代数学，各种函数的定义以及其曲线和概率统计等数学知识都需要较为熟悉。

（2）缜密的思维。数值计算需要制作人员具有缜密的思维，公式设计者自然需要如此，每一条公式不仅针对一个数值而已，数值计算过程中的所有数据就好像一个紧密而复杂的网状结构，环环相连，牵一发动全身，稍有不慎即会影响到整个战斗系统、升级系统、职业系统、经济系统……填表的人也丝毫不能错乱思维，一来公式是死的，数据需要适应游戏而微调，对微调的数据和公式产生的数据，填表人员需要有敏锐的触觉；二来，填表人员也需要时刻清楚并警惕数据间的全局联系。

（3）对数字敏锐。对数字的大与小的概念一定要很灵活而又很敏感。对数字敏感，不单要对单个的数字的差异有所敏感，还需对整个数值段都具有敏感的触觉。例如，一列不同等级的攻击力数据，需要从中迅速观察并在脑海里构造出其数值曲线。

（4）吃苦耐劳、负责并能承受压力。正如前文所说，一个游戏的数值计算过程并不是几天或一周的事情，而是一个月至少历时两三个月才初步完成的过程，计算完毕以后还要不断地修正甚至重新设计公式。数值人员需要每天对着多张填满密密麻麻的数值的表格，并且经常需要心算和笔算，如果没有耐苦、负责和能承受压力，或者并不喜欢这份工作，势必很快感到枯燥烦琐，而更严重的是导致数值计算上的错误，这是比工作效率下降要严重百倍的后果。

（5）经验。理所当然，经验是数值计算的宝贵资源。经验分为两种，游戏的经验和数值计算的经验。前者指从大量的游戏过程中获得的感觉积累和公式积累，这并不单单能靠玩几款网游就能造就的，无论单机还是网游，需要涉猎的面很广，纵观今天很多经典的数值模型，大多来自单机的；后者指从事数值计算工作的经验，同样是 $A$ 的 $x$ 次方，$A^2$ 的曲线和 $A^3$ 的曲线可能不少人还能轻易感觉出来，$A$ 的 5 次方和 $A^2(A^3+3A)$，其中的微妙差别就要靠经验才能洞察出来了，对于很多蹩脚的公式或者不合理的数值设定，很多时候对公式调整一两个参数即可修正到很好的效果。另外，如果 $C$ 是由 $A$ 和 $B$ 共同推出的，当 $C$ 出问题的时候究竟调整 $A$ 好还是调整 $B$ 好，这也是十分需要经验的地方。

## 8.2　数值与乐趣

游戏是为玩家有趣的体验而生，所以游戏设计中涵盖的内容都需要围绕一切为玩家提供乐趣为主要目标。数值也不例外，下面以"连连看"为例，阐述如何通过设置每一局的时间来影响玩家体验。

"连连看"是一款考验玩家观察能力和反应速度的快节奏游戏。它要求玩家在规定的时间内把一局当中所有成对的相同图案的方块消除掉,而且随着时间的减少,施加给玩家的压力就会越大,因此,这种游戏中的时间元素对它的乐趣影响非常大,如图 8-1 所示。

但是,一局游戏应该分配多长的时间是一个值得研究的问题。

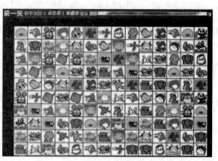

图 8-1　"连连看"

### 1. 基本数据的采样与计算

(1) 估算平均消除时间:通过测试统计来获得用户平均消除一对方块的时间是这个问题的关键。假设 3s 是我们预期玩家消除一对方块的平均消耗时间。设 $T = 3 \times N \times M$,其中,$N$ 是游戏难度的调整系数,用于调整游戏的难度,$M$ 是期望偏差调整值,当测试统计得到的样本与 3s 的预期值有出入时,调整该值,默认 $N$ 和 $M$ 调整系数为 1。

(2) 预测用户在 2s 内消除一对方块的概率是 25%,在 2~4s 内消除一对方块的概率是 50%,4s 以上完成一次操作的概率是 25%。

(3) 样本收集:开发出一个完全没有其他事件(比如 Bomb、Random 之类的事件)的测试版,选择玩家进行测试。设玩家完成一局游戏的总时间为 FullfillTime,一局游戏方块的对数为 Diamonds。那么有 $T =$ FullfillTime/Diamonds。最后就是根据样本数来计算置信空间[①],验证预测的 3s 是否准确。

(4) 设平均一局游戏所需要的平均时间为 TotalTime,那么 TotalTime = Diamonds $\times T$。这个时间就是玩家消除所有方块所花的时间的平均水平。

### 2. 数值建模

基本数据确定之后,需要对数值进行调整,以达到调整游戏时间合理性和难度的目的,从而可以让玩家感受到玩游戏的松弛有度的体验。

(1) 消除加时设计。如果只是按照 TotalTime 时间来设置一局总时间的话,会让玩家感觉非常单调,没有紧张刺激的体验,一般来说,实际 TotalTime 设置的值比平均值要小得多。而且时间越少,游戏的难度就越大。但新的问题又来了,实际的 TotalTime 会让大多数玩家完成不了一局游戏。为修正这个问题,可以加入奖励加时机制,即玩家每消除一对方块,可以获得 TimeIncSpeed 的时间,此时,玩家消除第 1 对方块剩余的总时间

---

为：TotalTime ＋ TimeIncSpeed － $x$（如果剩余时间大于 TotalTime，则剩余时间仍为 TotalTime）；消除第 2 对方块剩余的总时间为：TotalTime ＋ 2(TimeIncSpeed － $x$)；以此类推，当消除第 $n$ 对方块之后剩余的时间为：TotalTime ＋ $n$(TimeIncSpeed － $x$)。此处需要保证每一次所剩时间大于 0。接下来，设每一局游戏至多给玩家的总时间为 TotalTime$'$，则 TotalTime$'$ ＝ TotalTime ＋ (Diamonds － 1) × TimeIncSpeed。设玩家实际消除每对方块的速度为 $T'$，则 $T'$ ＝ TotalTime$'$/Diamonds。

因此：

$$T' = \frac{\text{TotalTime}'}{\text{Diamonds}} = \frac{\text{TotalTime} + (\text{Diamonds} - 1) \times \text{TimeIncSpeed}}{\text{Diamonds}}$$

如果 $T' < T$ 时，则大部分玩家会感到有难度；如果 $T' = T$ 时，则对于大多数玩家来说难度适中；如果 $T' > T$ 时，则对于大多数玩家来说难度较低。假设 Diamonds 为固定值，则可以通过修改 TotalTime 或者 TimeIncSpeed 的值来调节游戏的难度。

（2）连击机制设计。所谓连击，就是玩家在消除一对方块之后在一个比平均消除速度更短的时间内再消除另外一对方块。为了刺激玩家更快地消除方块，可以引入连击的机制来达到目的。设构成连击的两次消除的时间为 HitTime，由于大多数玩家消除一对方块的平均时间为 $T$，其中用 2s 时间消除一对方块的概率是 25%，其概率是比较低的，所以可以把 HitTime 设置为 2s，那么玩家实现一次连击的概率为 25%，出现两次连击（即在两个 HitTime 内共连续消除三对方块）的概率为 25% × 25% ＝ 6.25%，出现三次连击的概率为 25% × 25% × 25% ＝ 1.56%。因此，可以计算出出现 $n$ 次连击的概率为 (25%)$^n$。可以看出，玩家要连续实现多次连击的概率随着连击次数的增加而迅速减少。也就是玩家出现连击之后继续再一次连击的难度会增大。

（3）分数的计算。分数，是一种玩家通过完成游戏中的任务得到的奖励方式。设 BaseScore 为玩家消除一对方块得到的分数，HitScore 为玩家通过连击获得的分数，那么一局游戏玩家能够得到的分数下限是 Diamonds × BaseScore，如果玩家从一开始便出现连击，直到所有方块被消除掉，则可以得到最高的分数，为 Diamonds × BaseScore ＋ Diamonds × (Diamonds － 1) × HitScore。设 ScoreRate ＝ HitScore/BaseScore 为连击每次的分数与基础消除所得分数之间的比值，当 ScoreRate 越大时，就越能刺激玩家进行连击操作。为了鼓励和刺激玩家尝试多连击操作，可以利用斐波那契数列来设计连击的所得时间和连击所得的分数的联系。同时在玩家惯性、积分奖励、画面奖励的引导下，可以激发玩家以比较快的速度来玩游戏，从而增强游戏的体验感和紧张感。

### 3. 实例

（1）死亡关卡。为了让玩家始终处于时间不足的压力状态下，可以把 TotalTime 设置的低一些。设 Diamonds ＝ 20，TotalTime ＝ 16s，$T$ ＝ 3s。如果没有任何机制，该局游戏玩家最多能消除 5 对方块，而且是在没有任何卡点的前提下，因此基本没有玩家能在这个时间内完成这局游戏，但如果增加 TotalTime，那么施加给玩家的压力就会减少，而且缺乏变化。此时如果再加入 TimeIncSpeed 这个属性,并设置为 1s,那么玩家最大能消除的对数为 8 对($16/(3-1)=8$),同样玩家在时间结束时还至少剩下 12 对未消除的方块。同样地,如果只是简单地增加 TimeIncSpeed 的话也过于单调。当然也可以引入连击时间,并鼓励玩家多出现连击操作,但从以上的计算可以得出,在三次连击之后其概率就非常低了。在这里可以设计一个 TimeStop 事件,该事件以 50% 的概率出现在玩家消除一对方块之后。当出现一个 TimeStop 事件时,可以让时间停止 3s(相当于给玩家额外的一次消除方块的机会),同时 TimeIncSpeed 也不会失效。通过概率计算,一局游戏通过TimeStop 事件让时间停止的总数为 $SumTimeStop = 3 \times 50\% \times 20 = 30s$,再加上TimeIncSpeed 事件,总时间 $TotalTime' = TotalTime + (Diamonds - 1) \times TimeIncSpeed + SumTimeStop = 65s$。当然这个时间是假设玩家没有任何卡壳的情况下,如果有卡点出现,那么玩家就有可能面临着时间不足的压力下。

(2)教学关卡。教学关卡是玩家在不熟悉游戏的情况下为玩家提供熟悉游戏环境的一种关卡。在这类关卡中,不是以给玩家制造各种紧张为目的。因此,可以把 TotalTime和 TimeIncSpeed 的值适当地调高。例如,$Diamonds = 20$ 时,$TotalTime = 20s$,$TimeIncSpeed = 2$,那么 $TotalTime' = TotalTime + (Diamonds - 1) \times TimeIncSpeed = 20 + 19 \times 2 = 58$。虽然现在 $TotalTime'$ 的总值还比 60s 的值稍微小一些,但一般"连连看"当中还可以加入一些随机道具,这些道具也可以在不同程度上增加游戏的总时间,而且在教学关卡中,这些道具出现的概率要比其他关卡大得多。

## 8.3　数值策划中的概率统计学应用

概率统计学在游戏设计应用中是一门不可或缺的学科,因为在游戏设计中对偶然性因素的控制和游戏平衡设计上是非常有用的。事实也是如此,概率统计学的诞生源于对赌博游戏的研究。其中有一种说法是这样的[①]:1654 年,法国贵族梅累(Mere)是一名不折不扣的赌徒,他曾经跟人玩过这么一个赌法,掷骰子 4 次,如果能够至少有一次掷出 6 点,那么作为庄家的梅累则赢得一局。这种玩法使得他大挣了一把,但他的朋友们却发现长期玩这个游戏并没有胜算就不再跟他玩这个游戏。为了能继续让朋友们来跟他一起赌博,他发明了新的一种玩法。在这种玩法中,掷 24 次骰子,每次掷两个,如果至少有一次能掷出 12 点(也就是两个 6 点),则庄家赢。他认为他仍然与前一种玩法具有同样的胜算,但后来他却输得血本无归。自认为两种玩法都具有同样的胜算的他百思不得其解,便写了一封信请教数学家布莱斯·帕斯卡,但这位数学家也觉得当前的数学方法并不能很好地回答这个问题,所以帕斯卡又把这个问题转给一位业余数学家——费马。在此之后,这两位数学家的来往书信对该问题进行了深入的讨论和研究,随着解决该问题的方法不断被发现,便逐渐形成了数学的一大分支——概率论。正如法国知名数学家泊松所说:

---

① 还有另外一种说法,可见本章最后的练习题。

"由一位广有交游的人向一位严肃的冉森派所提出的一个关于机会游戏的问题乃是概率演算的起源"。

## 8.3.1　游戏中常用的概率统计

**概率论**是对随机现象出现某种结果的可能性的一种度量。也就是某种结果出现的可能性的大小,也就是俗称的概率。其中的概率就是概率。一般采用在 0～1(或者 0%～100%)来表示一个事件发生的概率的大小。越接近 1(100%),则该事件发生的可能性就越大,越接近 0(0%),则该事件发生的可能性就越小。当达到 1 时,说明该事件必然会发生,当为 0 时,该事件不可能发生。概率论中有**样本空间**的概念,它指的是该实验中所有可能发生的事件的总和,该样本空间中的所有事件的概率相加为 1,而且假设我们利用的是古典概率实验(有限的试验次数,每个事件出现的结果的概率是一致的)。而**统计**则是基于已经发生的事件数据进行的处理和分析从而得出某种结果。

### 1. 掷硬币

众所周知,掷一次硬币的结果只有两种,分别是正面和反面(排除硬币落在边缘上的概率),即它的样本空间是{正,反},每一种结果出现的概率是 50%。因此掷一次硬币出现正反面的概率是相等的,所以对于两个玩家来说,一个玩家选择正面,一个选择反面,这种玩法基本公平。这也正是很多游戏中利用掷硬币的方式来做选择的原因之一。例如足球,开场前两个球队都会通过掷硬币来获得优先选择场地权。因为无论双方选择哪一面,其出现的概率是一致的。

如果扩充到同时掷两个硬币,同时出现两个正面或者同时出现两个反面的概率是多少呢?先来看该玩法的样本空间:{正正、正反、反正、反反},也就是说有 4 种可能。因为该游戏的概率属于古典型概率试验,因此从直观上来看,同时出现正面或同时出现反面的概率分别为 25%,因此同时出现同一面的概率比只掷一次硬币出现正面或者反面的概率要减少一半。或者更加严谨地计算,根据概率论中"与"的运算,一个硬币出现正面的概率为 50%,另一个硬币出现正面的概率也是 50%,两个独立事件(两个事件的发生互不干扰)同时发生,则采用两个相乘的运算也可以得出,50%×50%=25%。而出现不同面的概率(根据概率论中的"或"运算,也就是当两个事件相互独立,不会同时发生时,出现这种事件的概率与出现另一种概率的和,即它们的总概率)是 50%×50%+50%×50%=50%。也就是说,同时出现不同面的概率是 50%。依照这种方法,可以得出随着同时掷硬币个数的增多,同时出现正面或者反面的概率会逐渐减少。

在很多的游戏中,也采用了这种掷硬币的方法。比如古老的 Senet 游戏,这个游戏有 4 根棍子,每根棍子两端分别被涂上红色和白色,玩家每次可以同时掷出 4 根棍子。每出现一根红色的棍子,玩家可以把棋子向前走一格,如果是白色的则不移动。当 4 根棍子都出现的是红色时则玩家的棋子可以移动 4 个格子,当都是白色时,则玩家在这一局不能移动。每根棍子就相当于一个硬币,通过计算可以得出如下的概率。

（1）所有边都显示白色的概率是 $50\% \times 50\% \times 50\% \times 50\% = 6.25\%$，因此有 $6.25\%$ 的概率玩家在这一回合不能移动棋子。

（2）根据二项分布公式，一根棍子出现红色的概率是 $C_4^1 \times 50\% \times (1-50\%)^3 = 25\%$，因此玩家有 $25\%$ 的概率在这一回合棋子移动一个格子。

（3）同样，两根棍子同时出现红色的概率有 $C_4^2 \times 50\%^2 \times (1-50\%)^2 = 37.5\%$，因此此局玩家有 $37.5\%$ 的概率向前移动两个格子。

（4）三根棍子出现红色的概率则是 $C_4^3 \times 50\%^3 \times (1-50\%)^1 = 25\%$，所以此局玩家有 $25\%$ 的概率向前移动三个格子。

（5）四根棍子同时出现的概率是 $C_4^4 \times 50\%^4 \times (1-50\%)^0 = 6.25\%$，所以此局玩家有 $6.25\%$ 的概率向前移动四个格子。

从上面的概率可以看出，玩家在这一局不能移动格子和能够把棋子向前移动 4 个格子的概率都为 $6.25\%$，其概率是比较低的，而最高的概率则是移动两个格子，为 $37.5\%$，其次则是移动三个格子，为 $25\%$。如果要验证上面的计算是否正确，最简单的方法就是把所有的概率相加，如果结果为 1（$100\%$），则其计算结果在一定程度上是正确的。

那么游戏设计师可能需要知道一个数据，就是每盘游戏玩家平均每局棋子移动的格数是多少。要计算出这个数据，就需要用到统计学当中的**期望值**。所谓期望值，就是试验中每次可能出现的结果的概率乘以其结果的总和。换句话说，期望值就是在随机试验中在同样的条件下重复多次的结果计算出的平均值。因此，Senet 这种玩法玩家每局平均移动的格子数为 $0 \times 6.25\% + 1 \times 25\% + 2 \times 37.5\% + 3 \times 25\% + 4 \times 6.25\% = 2$ 格。

**图 8-2　各种面数不同的骰子**

### 2．掷骰子

骰子是游戏中经常使用的用于产生随机数的道具。现在常用的骰子有 6 面骰子（d6）、10 面骰子（d10）、12 面骰子（d12）、20 面骰子（d20）等（在游戏设计中，经常使用 d$x$ 来表示这个骰子具有 $x$ 个面）。骰子是产生随机数或者偶然性的最简单最实用的工具之一，如图 8-2 所示。

以 d6 为例，每次掷骰子的样本空间是 $\{1,2,3,4,5,6\}$，因为掷骰子也属于古典概率型，所以每次掷出的某个数值的概率是相等的，都为 $1/6$。

在一些简单的桌面游戏中，经常会使用到 6 面骰子。例如，"飞行棋"就是典型的利用掷骰子来决定玩家棋子是否可以起飞，每局移动多少个格子的游戏。

在更多游戏中，则采用了两颗或者两颗以上的骰子（在游戏设计中，利用 $y$d$x$ 来表示利用 $x$ 面体的骰子掷 $y$ 次，如 2d6 表示掷两次或者同时掷两颗 6 面体骰子）。下面以掷两颗 6 面体的骰子为例，分析它出现不同数值的概率。

使用 2d6 所产生的结果的概率分布中,与 1d6 的概率分布是有很大差别的,如图 8-3 和图 8-4 所示。

| 骰子1 / 骰子2 | 1 | 2 | 3 | 4 | 5 | 6 |
|---|---|---|---|---|---|---|
| 1 | 2 | 3 | 4 | 5 | 6 | 7 |
| 2 | 3 | 4 | 5 | 6 | 7 | 8 |
| 3 | 4 | 5 | 6 | 7 | 8 | 9 |
| 4 | 5 | 6 | 7 | 8 | 9 | 10 |
| 5 | 6 | 7 | 8 | 9 | 10 | 11 |
| 6 | 7 | 8 | 9 | 10 | 11 | 12 |

**图 8-3 2d6 结果概率分布**

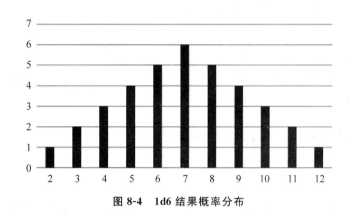

**图 8-4 1d6 结果概率分布**

从图 8-3 中可以看出,2d6 共有 36 种可能,但两个骰子相加得到的数字样本空间只有 $\{2,3,4,5,6,7,8,9,10,11,12\}$,范围为 2~12,而且不是每个数字出现的概率都是相等的。其中,出现 2 或者 12 的概率都为 $1/36＝2.78\%$,而得到数字 7 的概率是最高的,为 $6/36＝16.7\%$。事实也是这样,玩家能够掷出 2 或者 12 的次数是相对较少的,而出现 6、7 或 8 的值的次数则更多一些。在 2d6 中,其期望值为 $2\times2.8\%＋3\times5.5\%＋4\times8.3\%＋5\times11.1\%＋6\times13.8\%＋7\times16.7\%＋8\times13.8\%＋9\times11.1\%＋10\times8.3\%＋11\times5.5\%＋12\times2.8\%＝6.979$。如在"大富翁"中,玩家通过掷两颗骰子所得的数字来决定棋子向前移动的格数,而这种概率分布,使得在这种棋盘格数上,棋子的平均移动速度较为适中。当然,这种现象也可以推广到三颗或者更多的骰子,它们也具有相似的结论。"龙与地下城"是利用骰子为工具最为典型的游戏作品之一。它可以通过掷三颗 6 面骰子(3d6)来产生技能点,每掷一次骰子,其出现的结果范围在 3~18 之间,其中得到 3 点或者 18 点的概率是较低的,更多的出现的点数是在 10 或者 11 左右,如近战攻击检定＝3d6＋基本攻击加值＋力量调整值＋其他。这种结果在一定程度上也是一种正态分布的效果(即两头低,中间高的对称曲线)。

还有一种骰子用于生成百分比,这种骰子一般是 d20 或者是 d10,其中 d10 的骰子更为常用。利用 d10 的骰子,可以使用两颗骰子,一颗用于生成十位数上的数字,另外一颗用于生成个位数上的数字。例如,第一颗骰子掷出的数字是 6,另外一颗骰子掷出的数字是 3,则此次得出的百分比为 63%。由于这种骰子生成的数字的概率不像两个骰子数字相加,所以产生的数字是均匀分布的。但设计师可以从 0%～100%之间更容易分配不同的功能,如表 8-1[①]所示。

表 8-1  分配战斗力

| 数  字 | 战  斗  结  果 | 几  率 |
|---|---|---|
| 1～5 | 无伤害 | 5% |
| 6～15 | 间接攻击(承受 75%的伤害) | 10% |
| 16～65 | 直接攻击(100%的伤害) | 50% |
| 66～80 | 猛烈攻击(125%的伤害) | 15% |
| 81～95 | 猛烈的爆炸(150%的伤害) | 15% |
| 96～100 | 关键击中(在关键击中表格上掷骰子) | 5% |

骰子是产生随机偶然因素的最重要的工具之一,除了骰子,还可以通过抽取卡牌、轮盘等方式来获得。

## 8.3.2  游戏数值策划中概率的使用

### 1. 随机生成数

在计算机中,往往利用随机数来模拟掷骰子所得的结果。虽然计算机中产生的随机数是一种伪随机数,但在游戏设计中,这种结果是基本满足需求的。掷骰子的模拟可以用随机数来表示,例如,1d6 可以表示为 Random(Integer(1,6)),2d6 可以表示为 Random(Integer(1,6))＋Random(Integer(1,6))。以上 Random 为随机函数,Integer 表示整数。在产生百分比方面,可以利用 Random(Integer(0,100))或者 Random(0,1)来产生。

例如:

(1) 某个武器的攻击力值范围为 2～20,则可以利用 2d10 的骰子来进行模拟,即随机攻击力值为 Random(Integer(1,10))＋Random(Integer(1,10))。

(2) 某怪物出现躲闪的概率为 20%,则 $0 \leqslant$ Random(Integer(0,100)) $\leqslant$ 20 时,躲闪成功,否则失败。

(3) 某怪物出现躲闪的概率为 20%,出现格挡的概率为 10%,两者优先级相同,则可以表示为当 $0 \leqslant$ Random(Integer(0,100)) $\leqslant$ 20 时,躲闪成功,当 $21 \leqslant$ Random(Integer(0,100)) $\leqslant$ 30 时格挡成功。

### 2. 权重与期望值

权重与期望值是一种在游戏数值策划中常用于平衡游戏的工具。它在防止统治性策略等方面运用得非常多。属性权重是每个属性所具有的数值,而权重的和,即加权值则是

---

① 该表来自《游戏设计师修炼之道——数据驱动的游戏设计》一书。

该对象所有属性的权重的相加。

假设有一款游戏,玩家在开始游戏之前可以选择三种不同的角色,分别是人类、矮人族和巨人族,如表 8-2 所示。

表 8-2 也许是游戏策划师在起初设定的一张族群的不同属性时的大概思路。虽然从该表能够看出每个族群的属性类型和大致的属性高低,但并不能准确地描述它们之间是否存在平衡性。这个时候,可以为每个属性中不同的属性值进行具体的数字赋值,现在假设"低=1,中=2,高=3",这样就形成了表 8-3。

表 8-2　游戏角色选择

| 族群 | 速度 | 明锐性 | 攻击力 |
|---|---|---|---|
| 人类 | 中 | 中 | 中 |
| 矮人族 | 高 | 高 | 低 |
| 巨人族 | 低 | 低 | 中 |

表 8-3　游戏角色属性值

| 族群 | 速度 | 明锐性 | 攻击力 | 加权值 |
|---|---|---|---|---|
| 人类 | 中(2) | 中(2) | 中(2) | 6 |
| 矮人族 | 高(3) | 高(3) | 低(1) | 7 |
| 巨人族 | 低(1) | 低(1) | 中(2) | 4 |

从表 8-3 来看,使用矮人族的玩家似乎拥有比其他选择的玩家更有优势。从理论上分析,加权值越高,玩家可能越会选择该种类型(即所谓的统治性策略),而且巨人族要比其他两种类型的加权值要小得多。从实际的测试看,往往也是如此,如果选择巨人族,一般都会比另外两个选择要差很多,从而造成巨人族成为一种摆设。为了修正这个统治性策略现象所造成的后果,同时考虑到攻击力这一属性所起的作用要比其他的属性作用要大,从而这里假设攻击力这一项为"低=2,中=4,高=6"。表 8-4 为修正好的值。

表 8-4　游戏角色属性值修正

| 族　群 | 速　度 | 明锐性 | 攻击力 | 加权值 |
|---|---|---|---|---|
| 人类 | 中(2) | 中(2) | 中(4) | 8 |
| 矮人族 | 高(3) | 高(3) | 低(2) | 8 |
| 巨人族 | 低(1) | 低(1) | 中(4) | 6 |

从表 8-4 可以发现,这时人类和矮人族的加权值已经是一样的,所以这两者不会带来统治性策略的现象,但对于巨人族来说,其加权值还是小于其他两种选择,所以,此时可以把巨人族的攻击力修改为高,其结果如表 8-5 所示。

表 8-5　提高巨人族攻击力

| 族　群 | 速　度 | 明锐性 | 攻击力 | 加权值 |
|---|---|---|---|---|
| 人类 | 中(2) | 中(2) | 中(4) | 8 |
| 矮人族 | 高(3) | 高(3) | 低(2) | 8 |
| 巨人族 | 低(1) | 低(1) | 高(6) | 8 |

从理论上来说,这时它们三者已经达到了数学上的平衡,但是否真的是平衡的,还需

要借助游戏的测试。如果用图来表示以上三种族群的属性,那么玩家可以更加直观地了解这三种族群的属性,如图 8-5 所示。

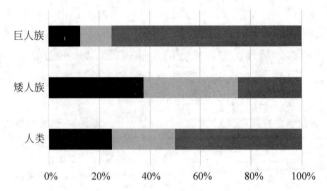

图 8-5　三种族群的属性条(属性依次为速度、明锐性、攻击力)

### 3.期望值

前面内容已经给出期望值的定义,就是试验中每次可能出现的结果的概率乘以其结果的总和,换句话说,期望值就是在随机试验中在同样的条件下重复多次的结果计算出的平均值。期望值在游戏中运用得也非常广,其中最常用的应当属赌博类游戏中赌资的分配。下面以一个简单的赌博游戏为例。

玩家在一场赌博中掷两枚 6 面体骰子。如果能掷出 7 点或者 11 点,那么玩家从庄家那赢得 3 块钱,但如果掷出其他点数则输掉 1 块钱。作为庄家,最关心的就是这个游戏比赛规则是否能够让他赢得更多的钱。

从上面 2d6 的结果概率分布可以看出,掷出 7 点的概率为 6/36,掷出 11 点的概率是 2/36,那么掷出 7 点或者 11 点的概率总共是 8/36,而掷出其他点数的概率为 $1-6/36-2/36=28/36$。从以上的概率来看,长期玩这个游戏,玩家输钱的概率是比较大的,事实是这样的吗? 如果赢的话,平均能赢得多少钱? 如果输,平均每局输多少钱,这个时候就需要利用期望值来进行计算了,如表 8-6 所示。

表 8-6　期望值计算

| 结　　果 | 玩家收益 | 概率×结果 | 数　　值 |
|---|---|---|---|
| 7 | 3(元) | 6/36×3(元) | 0.5(元) |
| 11 | 3(元) | 2/36×3(元) | 0.167(元) |
| 其他点数 | −1(元) | 28/36×(−1) | −0.778(元) |
| 期望值 | | | −0.11(元) |

从上面的结果看,玩家长期玩这个游戏时每一局游戏平均是输掉 0.11 元。明显地,对于这个游戏来说,玩家是非常不划算的。如果玩家在后来发现这个规律,那么可能玩家

就不会再去玩这个游戏了。所以,如果要让庄家和玩家赢钱的概率是一样的,这个时候可以通过调整期望值,使其为 0,那么也就是说在长期的游戏中,庄家和玩家平均每一局里是没有输赢的。现在设玩家掷出 7 或者 11 的结果时,可以赢得 $x$ 元钱,而掷出其他点数时则输掉 1 元钱,那么这个时候要求 $6/36 \times x + 2/36 \times x + 28/36 \times (-1) = 0$,可以求出 $x = 3.5$ 元,也就是说,当玩家掷出的结果是 7 或者 11 时,玩家如果能赢得 3.5 块钱,那么对于玩家或者庄家来说平均每一局是没有输赢的。

期望值除了可以用于赌博游戏上之外,也可以用于统治性策略的消除上面。假设玩家现在有三种技能,分别是风、火、雷三种技能。其中每种技能对目标的命中率和伤害值是不同的(所谓命中率,就是玩家使出该技能时平均对目标造成伤害的概率),如表 8-7 所示。

表 8-7　命中率和伤害值计算

| 技能 | 命中率 | 伤害值 | 期望值计算 | 伤害期望值 |
|---|---|---|---|---|
| 风 | 100% | 4 | $4 \times 100\%$ | 4 |
| 火 | 80% | 5 | $5 \times 80\% + 0 \times 20\%$ | 4 |
| 雷 | 60% | 40 | $40 \times 60\% + 0 \times 40\%$ | 24 |

从上面三种技能的期望值推算结果来看,风和火的伤害期望值是一致的,都为 4,而雷的期望值则是 20,远远要高于风和火的伤害值。从理论数值来看,玩家会更加倾向于使用雷这个技能。所以为了平衡这三种技能的伤害值,减弱统治性策略的发生,游戏设计师可能会把雷的命中率或者伤害值调低。例如,把雷的命中率修改为 10%,这个时候,雷的伤害期望值也降低为 4,如表 8-8 所示:

表 8-8　命中率调整

| 技能 | 命中率 | 伤害值 | 期望值计算 | 伤害期望值 |
|---|---|---|---|---|
| 风 | 100% | 4 | $4 \times 100\%$ | 4 |
| 火 | 80% | 5 | $5 \times 80\% + 0 \times 20\%$ | 4 |
| 雷 | 10% | 40 | $40 \times 60\% + 0 \times 40\%$ | 4 |

这个时候从理论数值来看,风、火、雷三种技能的伤害期望值达成了一致,也就是数值上取得了一致。但是,经过测试会发现,玩家反而会很少用雷。因为它的命中率实在是太低了,当玩家使用几次雷都没有击中目标时,玩家会认为雷的伤害期望值为 0。这就是所谓的感知概率。为了消除这种虽然期望值相等,但实际测试却是扩大了统治性策略的现象,可以适当提高命中率,使得玩家能够在一定程度上感受到这种技能是有效的,如把雷的命中率提高到 50%,而伤害值降低到 8,则此时雷的伤害期望值也为 4,但玩家能够以更高的概率感受到该技能的存在。

另外,以上的设计虽然在理论上是平衡的,但玩家还希望每种技能有不同的伤害值,这样才能把不同的技能区分开。可是这样又造成这三种技能的不平衡，玩家在很大可能上都会选择伤害值最大的那种技能，这样又重新出现了统治性策略了。这时可以为不同的技能加入其他的属性来防止或者减弱这种现象。例如，伤害值高的技能需要更久的冷却时间，或者需要更多的资源来购买等。这样玩家在选择不同的技能时就需要考虑更多的因素，从而重新给玩家更多的选择。

### 8.3.3　圆桌理论

在"魔兽世界"中，有一种攻击结果，是由以下几个部分组成：未命中、躲闪、招架、偏斜、格挡、碾压、致命一击、普通攻击①。假设现在玩家对一只怪物发起一次攻击，它们出现的逻辑是：先判定是否命中怪物，如果命中怪物，则怪物是否出现躲闪，如果未闪躲则怪物是否招架（从背后攻击则没有招架），如果未招架则怪物是否偏斜（仅出现在玩家和玩家宠物攻击怪物时），如果未偏斜则怪物是否格挡（从背后攻击则没有格挡），如果未格挡是否被怪物碾压（仅出现在怪物对玩家和玩家宠物时），如果未被碾压，则判断是否出现致命一击，如果以上的情况都未发生，则最后才是普通攻击。这几个部分从左到右其优先级逐级递减，即未命中->躲闪->招架->偏斜->格挡->碾压->致命一击->普通攻击，如图 8-6 所示。

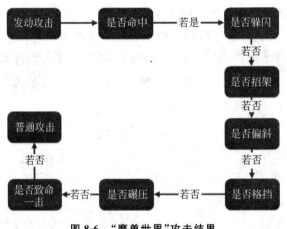

图 8-6　"魔兽世界"攻击结果

为简化命题，下面只考虑躲闪、招架、致命一击和普通攻击 4 种招数，优先级由高到低为：躲闪＞招架＞致命一击＞普通攻击，其样本空间为｛躲闪，招架，致命一击，普通攻击｝。我们知道，在一个样本空间中所有事件的概率之和应该是 100％。

---

① 未命中：即招数未命中目标，即攻击无效；躲闪，是被攻击目标使用技能使得对方攻击无效；招架，消除一次来自正面或侧面的物理攻击，使得攻击无效；偏斜，减弱对方造成的正面攻击的伤害；格挡，利用武器或其他工具阻挡对方的攻击，使自身减少伤害的行为，通常使得目标有反击的机会；碾压，是不能靠防御技能来避免的，同时一般出现在目标高于发招的等级上，造成以普通攻击稍多一些的伤害；致命一击，可以使目标造成 $n$ 倍的伤害；普通攻击，即对目标造成普通的伤害。

假设目标受到攻击时出现躲闪的概率为 20％，当未出现躲闪时，则出现招架的概率是 5％，如果未出现招架时，则出现致命一击的概率是 30％。从该假设出发，除了躲闪的概率是显式可知之外，其他的几种技能是在前面优先级更高的招数未出现的基础上所出现的概率。那么实际上出现躲闪的概率是多少？出现招架的概率是多少？致命一击和普通攻击出现的概率又是多少？

### 1. 利用条件概率统计算法

如果利用条件概率论的算法可以很容易回答以上的问题。

现在已知目标出现躲闪的概率为 20％，如果未出现躲闪的条件下，出现招架的概率是 5％，那么出现招架的实际概率应该是（100％－20％）×5％＝4％。

现在可以知道，出现躲闪的概率为 20％，出现招架的概率为 4％，从这两个数值可以得出未出现躲闪和招架的概率为 1－20％－4％＝76％。由于在未出现躲闪和招架时，出现致命一击的概率为 30％，所以，出现致命一击实际发生的概率为 76％×30％＝22.8％。自此，得出了目标出现躲闪的概率为 20％，出现招架的概率为 4％，出现致命一击的概率为 22.8％。根据设计，当未出现致命一击时，则出现普通攻击，那么出现普通攻击的概率为 76％×（1－30％）＝76％×70％＝53.2％。因此可以得出以下结论。

目标出现躲闪的概率为 20％，目标出现格挡的概率为 4％，出现致命一击的概率为 22.8％，出现普通攻击的概率为 53.2％。这些招数出现的概率的和为 100％，刚好是该样本空间的所有事件出现的概率的和，即为 100％。

利用这种计算方式，可以较为安全地计算出所有招数的概率，而且这些概率之和都在整个样本空间中，因此是较为容易平衡的。但缺点在于，除了优先级最高的技能能够直观呈现出实际的概率之外，其他的实际概率都是基于比它优先级高的技能未出现的情况下，而且这种优先级的概念，使得各个属性之间存在着优劣之分。例如，目标每提高躲闪 1％，则能实际地提高 1％的概率不被英雄攻击到，当如果提高 1％的招架，则只能提高（1－躲闪概率）×1％的概率，此时由于受到衰减而实际提高的招架概率要低于 1％，而且随着优先级的降低，衰减的幅度就越大。如果要重点突出每种技能的优先级时，可以尝试利用这种方法来设计。

这种设计可以比喻成掷多次 100 面的骰子，当第一次掷出的骰子为 1％～20％时，表示出现闪躲，玩家不能再进行掷骰子，否则玩家可以进行第二次掷骰子；当第二次掷出的骰子在 1％～5％之间时，则出现招架，否则玩家需要进行第三次掷骰子；当骰子掷出的数在 1％～30％之间时，则出现致命一击，否则将出现普通攻击。

### 2. 圆桌理论

圆桌理论出自于大型网络游戏"魔兽世界"中关于攻击判定的一个理论。所谓"圆桌理论"，直观上讲是"一个圆桌的面积是固定的，如果桌上的物件已经占满了圆桌的所有面积，则其他的物件将无法再摆上圆桌"。这张圆桌就是整个攻击结果的样本空间中所有事件出现概率的总和,即 100%,当超过 100% 时,则出现"溢出"。利用圆桌理论的算法,可以保证每一个影响因子都能在统计上呈现实际的出现概率,用于填充普通攻击中概率没有覆盖到的部分。

以上面的例子来解释圆桌理论的算法,出现躲闪的概率是 20%,出现招架的概率是 5%,出现致命一击的概率是 30%,那么出现普通攻击的概率为 $1-20\%-5\%-30\%=45\%$。因此利用圆桌理论的算法,已经不存在优先级所造成的衰减。

在程序实现中,其中一种实现方法是:先在服务器上实现一张表,数值为 $1\sim100$,接着利用随机数生成一个整型数,当这个随机数在 $1\sim20$ 之间时则出现闪躲,在 $21\sim25$ 之间时出现招架,$26\sim55$ 之间时出现致命一击,那么剩下的 $56\sim100$ 之间则代表普通攻击。其实这个过程模拟的是一个 1d100,也就是一次攻击相当于掷一次 100 面的骰子。所以实现起来较为简单。

虽然圆桌理论的算法较为简单和直观,但它却是以牺牲普通攻击的出现概率为代价的,从上面的例子可以看出,普通攻击的出现概率完全依赖于前面其他技能的出现概率,也即相当于将躲闪、招架、致命一击处于同一优先级,而普通攻击则作为最低的优先级。而最终要使得这些招数出现的概率之和为 100%,如图 8-7 所示。

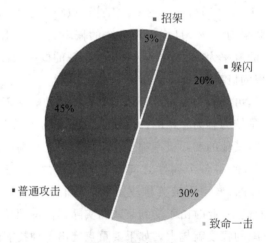

图 8-7　圆桌理论

根据圆桌理论,当某个招数出现的概率增加时,往往是以牺牲普通攻击出现的概率来实现的。否则,将会出现"溢出"错误。例如,当躲闪出现的概率提升到 70%,招架出现的概率还是原来的 5%,致命一击还是 30%,那么这三者之和已经为 105% 了,这时已经再没有空间来放置普通攻击了($100\%-105\%=-5\%$)。因此,为了保证所有的概率之和为 100%,除了牺牲普通攻击的概率之外,还需要牺牲其他招数出现的概率。例如,把致命一击降低到 25%,这样就得出,躲闪出现的概率为 70%,招架出现的概率为 5%,致命一击为 25%,普通攻击则为 0%。

假设现在再次提升躲闪出现的概率为 90%,而招架出现的概率为 10%,那么此时两个招数出现的概率已经达到 100%,所以致命一击和普通攻击都降为 0%。

　　因此,虽然圆桌理论没有由于优先级所带来的衰减,但是它为了保证招数出现的概率的合理性,只能以牺牲其他招数的出现概率来使之在数值上合理化。这也是圆桌理论的一个最大的劣势。虽然圆桌理论有一定的弊端,但它在进行复杂计算时提供了判定数值是否合理的一种方法。

　　同时,圆桌理论还是具有优先级的概念,只不过这种优先级被分为三级,第一级的所有元素可以不受影响地反映出实际的出现概率,第二级则受到第一级元素的概率的改变而受到制约,但还是能够表现出实际的出现概率,而第三级则可能被完全牺牲掉,使其概率为 0,永远也不会发生。也就是说,如果前几项的概率之和达到 100%,则攻击结果就不会出现普通攻击,甚至不会出现致命一击。由于上面的招数很多都跟目标和英雄之间的当前等级差有关系。比如英雄的等级比目标的顶级相差 3 级时,目标的躲闪出现概率要比相同等级的高出 3%,那么其他的招数出现的概率就被降低,甚至永远不会出现。这样,英雄去攻击高等级的目标时,便可能不会对目标造成任何伤害。同时,把玩家努力追求的属性置于更高的优先级别中,可以刺激玩家去努力获取相应能够提高该属性的装备。

# 8.4　数值策划中的代数学应用

　　在对游戏的数值进行策划时,经常需要设计各种公式来满足游戏可玩性的要求。在这个过程中,理解常用的运算对游戏策划是非常有帮助的。

## 8.4.1　四则运算

　　四则运算是指加法、减法、乘法和除法以及由这 4 种运算构成的式子计算法则。四则运算经常用于对伤害值等属性的关联设计。最简单的例子如:

　　(1) 物理伤害＝物理攻击－目标物理防御(该公式表达的意思是当对目标发起一次物理攻击时,目标受到的物理伤害为发起攻击的一方的物理攻击值与目标物理的防御值之差,也就是说,当物理攻击越大时,目标受到的物理伤害就越大,但当目标的物理防御越大时,目标受到的物理伤害就越小。)

　　(2) 攻击力＝最小攻击力＋Random(0,攻击者附加最大攻击力)(该公式表达的是发起攻击的一方发出的攻击的攻击力为在当前该方的最小攻击力的基础之上加上一个随机的变量,使得每次攻击的力值更具有变化性,但又不会超出一定的范围。)

　　(3) 获得的经验值＝NPC 经验值×NPC 生命×等级差比值/NPC 最大生命(比如一个玩家在杀死一个怪物时可以获得一定的经验值,该公式除了能表达出此次获得的经验值与当前怪物具有的经验值和怪物具有的生命值相关之外,还表达出当玩家与怪物处于不同等级时,其等级差越大,能够获得的经验值就越多。)

　　以上这些,都使用四则运算来计算。从以上两个式子可以看出,目标受到的物理伤害值与式子右边的属性相关。而数字策划就是在于设计出一种符合该游戏玩法,并能够尽量使之达到最佳平衡点的工作。

利用四则运算,其最大的优点在于是线型的,因此比较直观、明了,如果进行混合运算时,可以实现更多更有变化和特色的功能。

## 8.4.2　幂函数

形如 $y=x^a$ 的函数,即以底数为自变量,幂为因变量,指数为常量的函数则为幂函数。如 $y=x^0$,$y=x^1$,$y=x^2$,$y=x^{-1}$ 或 $y=1/x$ 等都为幂函数。幂函数在角色升级曲线设计中经常出现。例如,升级需要的经验可以为:升级经验=1000×等级^(2/3)。由于幂函数的函数曲线较为复杂,因此常常需要先熟悉一些常用的幂函数的函数曲线。

设 $f(x)=x^a$,对比函数为 $g(x)=x$,如图 8-8 所示。

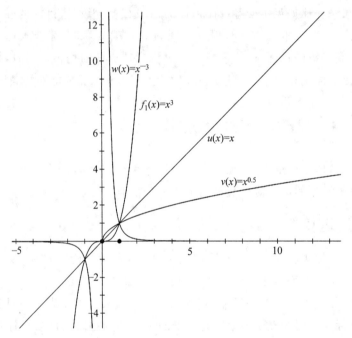

图 8-8　函数曲线

从图 8-8 可以看出,$f(x)$ 的函数曲线与 $x$ 和 $a$ 的取值相关。

(1) 设 $a\in(0,1)$,当 $x\in[0,1)$ 时,$f(x)>g(x)$,当 $x\in[1,\infty)$ 时,$f(x)<g(x)$,该函数的变化趋势为先急后缓;

(2) 设 $a\in(1,\infty)$,当 $x\in[0,1)$ 时,$f(x)<g(x)$,当 $x\in[1,\infty)$ 时,$f(x)>g(x)$,该函数的变化趋势为先缓后急;

(3) 设 $a\in(-\infty,0)$,当 $x\in[0,1)$ 时,$f(x)$ 逼近无穷大,当 $x\in[1,\infty)$ 时,$f(x)$ 逼近无穷小。

利用幂函数的曲线变化趋势,可以实现如"方董永"式的前期容易后期难的先急后缓升级曲线,也可以表现"大器晚成"的先慢后急的经验值积累曲线。例如,每级升级所需时长=当前等级³×修正值1+修正值2。这个公式反映出当玩家当前的等级越高时,要升级到下一个等级所需要的时间会增多。

## 8.4.3　数组、数列

所谓数组,就是相同数据类型的元素按照一定顺序排列的集合,例如:

(1) 一元数组 $\{a_1, a_2, \cdots, a_n\}$

(2) 二元数组 $\{a_{11}, a_{12}, \cdots, a_{1n}, a_{21}, a_{22}, \cdots, a_{2n}, \cdots, a_{nn}\}$

所谓数列,就是按照一定顺序规律排列的一列数,按照该数列数字的个数可以分为有穷数列、无穷数列等。根据排列的规则可以分为等比数列、等差数列、斐波那契数列等。

(1) 等差数列:一个数列从第二项开始,每一项与它的前一项的差等于同一个常数,这个数列就叫作等差数列,这个常数就叫作等差数列的公差。一般用 $d$ 表示公差,$n$ 表示前 $n$ 项,$a_n$ 表示第 $n$ 项,该数列前 $n$ 项的和为 Sn。则 $a_n = a_1 + (n-1) \times d$,前 $n$ 项的和则为 $Sn = n \times a_1 + n(n-1) \times d/2$。例如,$\{1, 3, 5, 7, 9, \cdots, 1+2(n-1)\}$ 便是公差 $d$ 为 2 的等差数列,前 $n$ 项的和为 $Sn = n + n(n-1) = n^2$。例如,本级所需经验=上级所需经验+本级等级×修正值,便是一种等差数列的运用。

(2) 等比数列:如果一个数列从第二项开始,每一项与它的前一项的比等于同一个常数,则该数列称为等比数列。这个常数叫作该等比数列的公比,一般用字母 $q$ 表示。$n$ 表示前 $n$ 项,$a_n$ 表示第 $n$ 项,该数列前 $n$ 项的和为 Sn。则 $a_n = a_1 \times q^{(n-1)}$,$Sn = a_1(1-q^n)/(1-q)$。例如,$\{1, 2, 4, 8, 16, \cdots, 2^{(n-1)}\}$ 便是一种等比数列。以知名的网络游戏"征服"的升级时间曲线为例,它是以 5 级为一个梯度的时间曲线,在每一个 5 级中,用等比数列求和公式求出其公比,然后用该公比和首项计算出各个等级升级所需要消耗的时间。

(3) 斐波那契数列,又称黄金分割数列,指的是这样的一个数列:0, 1, 1, 2, 3, 5, 8, 13, 21, …在数学上,该数列以如下递归的方法定义:$F(0) = 0$,$F(1) = 1$,$F(n) = F(n-1) + F(n-2)$,(其中,$F(n)$ 为该数列的第 $n$ 项,$n \geqslant 2$)。设 Sn 为斐波那契数列的前 $n$ 项的和,则 $Sn = 2F(n) + F(n-1) - 1$。例如,消除类游戏中,为鼓励玩家更多地连击,体现连消(Combo)次数越多,越往后一个 Combo 得分越高,可以利用斐波那契数列来表达:Combo(1)=宝石数×$a_1$,Combo(2)=宝石数×$a_2$,Combo(3)=宝石数×$(a_1 + a_2)$,…,Combo($n$)=宝石数×$(a_{(n-1)} + a_{(n-2)})$,其中 $a_1 = 2$,$a_2 = 3$。这样,玩家就会在越往后的连击过程中得到更多的分数。

## 8.4.4　成长曲线

成长曲线,也称为等级升级曲线。它可以反映出一个英雄在游戏中成长的趋势。一般来说,成长曲线在网络游戏中经常以等级[①]为自变量,经验为因变量的函数曲线[②]表示。即"经验=$f$(下一个等级)"形式的函数曲线。

---

① 等级的意义一般指一个角色当前的能力强弱程度。

② 等级是什么,经验是什么?

　　假设现在要设计一个游戏,刚开始为了能够让玩家体验到较快的升级乐趣,而越往后玩家升级到下一个等级所需要的经验增加,因此,越往后玩家升级所需要的挑战就会更大。从而实现把玩家玩这个游戏分成不同的阶段,比如新手阶段、成长阶段、成熟阶段等。那么该函数需要怎么设计呢?

　　首先,寻找能够基本满足这种需求的函数曲线。我们知道,形如 $f(x)=x^a(a>1)$①的函数曲线具有先缓后急的走势,如图 8-9 所示。

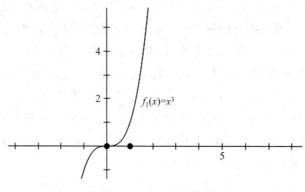

$$f_1(x)=x^3$$

**图 8-9　$f(x)=x^3$ 函数曲线**

　　因此,可以利用这种函数曲线的特性来进行扩展。通过这条曲线,可以实现当玩家处于初级阶段时,可以在收集到较少的经验时便可以升级到下一个等级,越往后,升级到下一级所需的经验就越多。我们以较为简单的公式来表达出来:

　　　　　　　每一级所需的经验＝下一个等级³×修正值1＋修正值2

　　设每一级所需的经验值为 Exp(Experience),下一个等级为 NLV(Next Level Value),修正值 1 为 $a$,修正值 2 为 $b$,那么该公式可以表示成 $Exp=NLV^3 \times a+b$。

　　但是,所需的经验值的多少一般反映在游戏中就是玩家所需的练级②时间,设为 Time。因此,该公式可以修改为:

　　　　　　　　　$Time(s)=(NLV-1)^3 \times a+b$

为了方便计算,假设 $a$ 为 1,$b$ 为 100。那么公式就成为:

　　　　　　　　　$Time(s)=(NLV-1)^3+100$

　　这样,就可以得出 1～100 级玩家每一级升级所需要的时间了。例如,玩家从第 1 级升级到第 2 级时,需要在练级上消耗的时间为 100s。但是当玩家从 50 级别要升级到 51级时,所需要花费的练级时间为 125 100s。

　　当得到玩家升级所需要消耗的练级时间之后,设计师会开始着手设计建立起经验值和练级时间之间的关系。假设当前的怪物等级为 MLV(Monster Level Value),杀死与英雄同等级能获得的经验为 GMLV(Get Monster Level Value),此时 GMLV＝(MLV−1)×2＋

---

① 当 $a$ 的值越大时,函数的应变量会递增。
② 练级时间:玩家花在通过打怪等方式升级的时间。

100,平均杀死同等级怪物所需时间为 KMT(Kill Monster Time)为 5s,那么通过杀死同等级的怪物所需的经验值可以为 $Exp = \dfrac{Time}{KMT} \times GMLV$。也就是:

$$Exp = \frac{(NLV-1)^3 + 100}{5} \times ((MLV-1) \times 2 + 100)$$

从上面的公式可以看出,玩家打怪升级到下一级所需的经验与当前怪物的等级、升级到下一个等级所需时间以及杀死同等级怪物所花平均时间有关。通过以上的公式,便建立起了升级所需时间与升级所需经验值的关系。这条公式的曲线如图 8-10 所示。

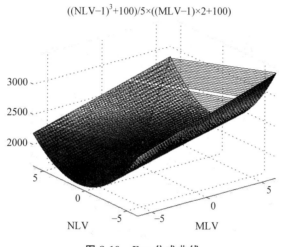

图 8-10　Exp 公式曲线

当然,以上的公式只是一种简单的设计方法,在实际的设计过程中,其公式可以根据需求来设计。比如获取经验的途径除了杀怪之外,还可以通过完成任务、公会活动、故事情节等方式来获得。

## 8.4.5 公式设计与推演

数值策划中公式的设计与推演过程需要根据游戏策划的具体需求来进行设计。假设现在玩家杀死一个怪物所获得的经验与玩家当前的等级与怪物之间的等级差有关,等级差越低,玩家获得的经验值就越低等。

在游戏设计前期,关键不是如何去平衡游戏里的属性数据,而是要从整体上考虑整个数值的构架,这样有了宏观上的设计之后,才能逐渐对游戏进行微观的控制。

现在的网络游戏,都由很多个系统组成,比如战斗系统、经济系统等。接下来,以战斗系统为例,简单阐述如何对该系统进行设计。

首先,需要先确定与该系统相关的属性数据,接着就是设计这些属性数据之间的关系。

### 1. 属性确定——属性关系树

在目前流行的属性设计中，一般采用关系树的方法。这棵关系树有一个树根，在计算机中的树根称为根节点，在根节点下是与该根节点相关的属性，也被称为第一级属性，在每一个一级属性的下面，可以设置更多与该属性相关的下一级属性，也被称为第二级属性。

在目前流行的大规模网游 RPG(MMORPG)中，经常以角色的等级作为根节点。由等级衍生出来的则是角色的基本属性，例如力量、智力、敏捷、体质等。接下来就是针对基本属性所对应的附属属性，如图 8-11 所示。

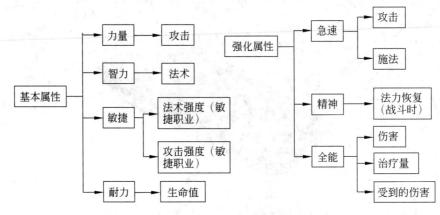

图 8-11    属性关系树

首先需要明确有哪些属性，以及属性与属性之间的关系，最后才是对这些属性进行数值平衡。一般来说，这些关系以建立数学公式模型的方式表现，进而通过这些模型实现游戏的设计效果。

### 2. 公式设定

所谓的公式设定，就是定义不同属性之间的关系以及游戏中的行为效果与这些属性之间的关系。比如攻击力的大小计算公式中可能包括力量大小、武器附加攻击力和随机数等，在这个过程中，需要较为熟悉各种常用函数的曲线，因为曲线在很大程度上可以反映出游戏设计师的意图，例如线性函数、幂函数。假设攻击力＝力量×2＋武器附加攻击力，则该公式表明该攻击力偏重于角色的力量。而攻击效果＝攻击力×攻击力，由二次函数的曲线可知，当攻击力较弱时，攻击效果较低，而当攻击力越往后提升时，其攻击效果就越强。现在要设计一个公式，玩家对一个 NPC 进行一次攻击，那么这次攻击所获得的经验值＝NPC 经验值×NPC 当前损失的生命×等级差比值/NPC 最大生命，该公式表达了玩家消灭一个 NPC 获得的经验与当前 NPC 的经验值、NPC 当前损失的生命以及等级差比值[1]成正比，而与 NPC 最大生命值成反比。也就是说，这条公式设计的目的在于鼓励

---

①    等级差比值＝玩家当前等级/NPC 等级，或者可以用等级差值，即等级差值＝玩家当前等级－NPC 等级。

玩家去攻击比自己当前等级高的 NPC,从而获得更多的经验。但在实际中,往往游戏设计者是不鼓励玩家去挑战比自己更高等级的 NPC 的,那么此时可以修改一下等级差比值的值对应关系。首先设 LevelDifferent 为等级差的取值,而 LevelDifferent 的取值如表 8-9 所示。

表 8-9　LevelDifferent 取值

| 等　级　差 | LevelDifferent 取值 | 等　级　差 | LevelDifferent 取值 |
| --- | --- | --- | --- |
| 玩家等级－NPC 等级≤5 | 100％ | 玩家等级－NPC 等级＝10 | 10％ |
| 玩家等级－NPC 等级＝6 | 80％ | 玩家等级－NPC 等级＝11 | 5％ |
| 玩家等级－NPC 等级＝7 | 60％ | 玩家等级－NPC 等级＝12 | 2％ |
| 玩家等级－NPC 等级＝8 | 40％ | 玩家等级－NPC 等级＝13 | 1％ |
| 玩家等级－NPC 等级＝9 | 20％ | 玩家等级－NPC 等级＝14 | 0％ |

也就是说,当玩家与 NPC 之间的等级差越大时,LevelDifferent 取值越小,那么可以设计如下公式:这次攻击所获得的经验值＝NPC 经验值×NPC 当前损失的生命/NPC 最大生命×LevelDifferent。因此,当玩家与 NPC 之间的等级差别越大时,即使玩家杀死了 NPC,得到的经验也越小。从而鼓励玩家去对抗与等级差不多的 NPC。

在多人攻击同一个怪物时,为了奖励最后一位把 NPC 消灭的玩家,可以额外给该玩家奖励更多的奖励,也就是最后一击得到的经验值＝NPC 经验值×(NPC 当前损失的生命/NPC 最大生命＋3％)×LevelDifferent。

假设某 NPC 的等级为 2,经验值为 50,最大生命值为 100。玩家甲当前的等级为 1级,它对 NPC 造成的伤害为 40 个点,玩家乙当前的玩家为 9 级,它对 NPC 造成了 60 点的伤害并杀死了它,那么玩家甲得到的经验值＝50×(40/100)×100％＝20,而玩家乙得到的经验值＝50×(60/100＋3％)×40％＝12.6 ≈ 12(一般对计算出来的浮点型数据进行向下取整,从而更有利于降低网络带宽)。

从以上的例子可以看出,在进行公式设计当中,要能够充分表达出设计意图,当然经过设计,一般也能达到预期效果。

## 小结

数值策划在游戏设计中,是利用各种数学工具和方法,创建一系列可以表达游戏意图的数据模型。要从事数值策划的工作,需要具备一定的数学能力,缜密的思维和逻辑能力,同时需要对数字敏感,当然,从事任何工作都需要抱着吃苦耐劳、认真负责的态度,最后,要在数值策划中有所成,就需要在实践中不断积累经验,不断积累优秀的计算方式。

本章通过"连连看"中对时间的设定为例,说明数值在游戏中能够给玩家带来不同的游戏体验。

在游戏设计中,概率统计学是经常使用的数学工具,本章从掷硬币、掷骰子作为切入点,阐述概率在游戏中的基本运用,比如赌资分配、防止统治性策略等方面都使用了统计学概率。但是要注意,纸面上的数值平衡并不能就说明该游戏的数值已经达到平衡,而是需要通过不断地测试和修改,也许在纸面上这些数值已经不再相等,但玩家的感知概率也是非常重要的。

四则运算、各种常用的函数,也经常运用于游戏的数值策划里,这些运算和函数都有不同的规律和曲线,在工作中不断积累不同运算和常用函数的特点和曲线,可以使得数值策划工作更加顺手。在最后,本章通过成长曲线和公式设计简单阐述了如何根据游戏的设计需求来设计需要的公式,从而指引玩家依照设计师的意图进行游戏。

# 作业

1. 什么是数值策划?数值策划的作用是什么?

2. 数值策划所需要具备的基本能力是什么?

3. 假设要为"连连看"设计一个死亡关卡,从数值策划角度出发,如何去设计它的各项数值?为什么?

4. 请用概率统计的知识,证明梅累的两种赌博玩法为何会出现不同的输赢结果。

5. 有一种赌博游戏,玩家同时掷三个硬币,如果同时掷出三个正面,则玩家赢,否则玩家输,那么每一局玩家赢的概率是多少?如何设定赌注,才能让玩家和庄家之间在长期玩该游戏之后没有输赢?

6. 关于梅累请教数学家帕斯卡的另外一种说法:法国贵族梅累和赌友进行掷骰子(1d6)赌博游戏,他们各自出 32 个金币作为赌注。双方约定,梅累如果先掷出三次 6 点,或者赌友先掷出三次 4 点,就算梅累赢。赌博进行了一段时间,梅累已经掷出了两次 6 点,赌友已经掷出了一次 4 点。这时候梅累接到通知,要他马上去晋见国王,赌博只好中断,那么两人应该如何分这 64 个金币才算合理?赌友说:"虽然梅累只需要再碰上一次 6 点就赢了,但我若再碰上两次 4 点也就赢了,所以我分得的金币应该是梅累的一半,即 64 个金币的三分之一"。而梅累却说:"不对,即使下一次赌友掷出了 4 点,他还可以得到二分之一,即 32 个金币,再加上下一次他还有一半希望得到 16 个金币,所以他应该分得 64 个金币的四分之三,赌友只能分得 64 个金币的四分之一"。那么两个人谁说得对呢?

7. 请比较"圆桌理论"与"条件概率统计方法"的优劣。

8. 请说出什么是成长曲线,以及基本的设计思路。

9. 请说出游戏策划中公式设定的作用,以及基本思路。

# 第 9 章

# 策划文档编写

游戏策划文档,又称游戏设计文档或游戏策划案(Game Design Document,GDD)。策划文档是一个将策划师脑中的想法文档化、编写成供所有参与制作的组员查阅的文案。

## 9.1　策划文档的作用

### 9.1.1　编写策划文档的目的

游戏策划是一个游戏的灵魂,而文档则是该游戏想法的具象表达。在早期的游戏开发中,可能一两个人便能完成一个游戏作品,此时策划文档所起的作用并不明显,但对于需要团队合作才能完成的游戏来说,文档的目的便更加明显。那么编写策划文档的主要目的是什么呢?

首先,策划文档是用来传达清楚策划师的设计意图和理念的。通过策划文档,要让所有阅读者清楚策划师脑海里的游戏世界是什么样的,让所有开发人员尽可能向一个方向努力。这是编写文档最核心的目的。

其次,编写策划文档使得团队成员的工作量有一个更直观的评估。因为在游戏项目管理中,需要让所有参与游戏制作的工作人员了解游戏成品的模样,并确定自己接下来的工作量。

再次,策划文档是分配成员工作的准则,从而明确各个组员的分工权责,便于在工作结束后按照策划文档的内容进行验收。同时,策划文档中的功能结构图让每位开发人员真正清楚自己的工作成果将如何与其他人的有效整合在一起,能够规避许多不必要的投入或混乱场面的出现。

最后,策划文档需要提供给营销、财务部门,使其清楚这款游戏所需的资金规模(包括开发、宣传、发行等)并进行市场分析,尽早与财务等部门进行沟通可以尽可能保证游戏开发的顺利推进。

### 9.1.2　编写策划文档的好处

策划文档在游戏开发的整个流程中是至关重要的,尤其对于需要团队合作的游戏项目来说,策划文档的好处是显而易见的。

(1)编写初期的策划文档有助于让策划师清楚游戏的核心竞争力,在下面的工作中可以一直抓住这个中心,避免华而不实内容的加入。即便发生一些意料之外的事,需要及时做出妥协和调整时,策划师仍然有最初的方向可以坚持,这对保证项目的顺利开发至关重要。

(2)策划文档中详尽的逻辑结构以及数据的整理有助于策划师梳理自己的想法,在其他组员投入精力实现功能前,及时发现设计中的疏漏或不适宜内容,加以删改,减少不必要的资源浪费。

(3)好的策划文档可以让其他开发人员对策划师的想法有一个较为清楚的了解,对大的方向有一个比较清楚的认识。这样,即便有较为个性的开发者,擅自在开发中加入一些自己的想法,也不用太过担心发生最终的成品与自己的想法大相径庭的情况。

(4)不断更新文档可以在开发中以及开发后对每次的迭代进行考量,总结教训,为游戏的后续开发以及后面的项目积累宝贵的经验。

### 9.1.3　策划文档的主要分类

从不同角度出发,策划文档的分类可以有很多差别,业界公司内并没有所谓的规范,所以只要能表达清楚的策划案都是可行的。这里以开发阶段划分,将策划案分成以下两种。

#### 1. 概念文档

这是游戏制作前期的设计文档,是策划师脑海中想法最表层的展示,主要内容包括游戏类型、目标受众、剧情梗概、核心玩法、市场分析以及开发所需的成本与时间等。概念文档主要内容应阐述项目的可行性,供制作人向组员、客户、发行商以及投资方推销创意。所以概念文档的编写往往需要吸人眼球,并且用大量市场数据和同类成功产品来说明游戏的可行性。

#### 2. 开发文档

开发文档一般包含设计和规划两部分内容。

设计部分需要非常细节的描述,除了概念文档中内容的扩展,还包括游戏的视觉表现风格、各种玩法以及关卡等具体实现的解决方案,这部分的目的是让所有参与游戏开发的人员尽可能地了解、理解策划师脑海中游戏的每一个细节,并运用自己的专业技能实现这一款游戏的顺利开发,而不是最终做出一款由每个人不同的主观理解拼凑出的"四不像"。所以,设计部分不仅需要详细、理性的语言逻辑,还需要能把游戏体验感觉描述出来的表达。

规划部分需要编写制作流程中更加细化的东西,包括每个美术、功能实现的时间管理,程序需要的数据资料,美术所需的描述性资料,整个项目要用到的技术参数等问题。但并不包括详细的技术解决方案,专门的技术文档会有专业的美术、程序人员编写。规划部分的存在是为了保证项目进度的有序展开,在时间和成本的预算范围内完成游戏开发。

# 9.2　如何编写策划文档

有好的游戏想法,但不能准确、恰当地表达出来,也很有可能致使整个项目流产。所以,一个策划文档编写得好与坏,在很大程度上影响到整个游戏项目的实施和开展。接下来介绍编写策划文档的主要内容和需要注意的地方。

## 9.2.1　文档内容

### 1. 概念文档

概念文档是游戏的一个概括总览,可能会被很多人阅读,包括同工作室的同事以及发行商投资方人员等。所以这个文档需要既有充实的内容,又要有生动精彩的文字表达。概念文档的篇幅宜简短,切忌长篇大论,把自己的想法一股脑写到文档上。因为在还未立项的时候,没人关心那个只存在你脑海中的世界的每个细节,写得简短有趣更有利于日后实现自己的想法。确保概念文档中包含以下内容(注意,包含以下内容的信息即可,具体格式按个人风格为准)。

(1) 游戏名称;

(2) 游戏系统;

(3) 目标玩家分析;

(4) 故事概要;

(5) 核心玩法的独特性;

(6) 游戏的卖点;

(7) 竞争产品;

(8) 计划发行日期。

这里需要注意的内容如下。

1) 游戏名称

(1) 游戏名称可以包括一个 Logo 的雏形,制作一个与游戏类型相符合的暂用 Logo,有利于提高读者对游戏类型以及风格的认识。

(2) 游戏的类型也需要在这个内容里介绍一下。这里的类型可以包括题材以及玩法的组合归纳,题材常见的有求生、恐怖、武侠、仙侠、魔幻等,按玩法不同可分为:动作类(ACT)、第一人称射击(FPS)、第三人称射击(TPS)、策略类(SLG)、格斗类(FTG)、即时战略类(RTS)(后加入网络要素衍生出 MOBA 类)、角色扮演类(RPG)等。但随着游戏元素逐渐融合的趋势,纯粹的某种类型的游戏越来越少,所以这里的类型更多的代表着游戏侧重内容及方向,而非过去狭义上只包含某一种内容的类型。

(3) 游戏的预计发行平台也需要进行陈述,现在的常见平台有 PC、游戏主机与游戏掌机以及移动设备平台。PC 端发行一般需要找到适宜的发行商,通过一系列合同的签订完成发行,这种发行方式在制作过程中可能会感受到一些来自发行商的压力(多来自于商业原因)。或者也可以选择在 steam 平台进行独立发行数字版游戏,这有点类似移动平台 iOS/Android 上的在 AppStore/GooglePlay 应用商店发布游戏,具体的发行规则(包括审核、资格、分利等)在上述平台的官网上都能得到。至于主机和掌机平台,现在有微软、索尼、任天堂三足鼎立。主机和掌机平台的优势在于硬件规格统一且换代周期较长,缺点在于开发难度较 PC 高,有的硬件有自己的架构,移植难度较大(但开发难度在 PS4 和 Xbox1 上有所降低)。具体现役的硬件有微软的主机 Xbox1,索尼的主机 PS4 以及掌机 PSV,任天堂的主机 WiiU(将于 2016 年发布代号为 NX 的新主机)以及掌机 3DS 系列。掌机领域中,目前 3DS 的市场占有率在市场上最高,游戏的开发成本最为低廉;微软、索尼对独立开发团队的支持最多,主机的硬件架构也与 PC 最为相似,开发难度较低;索尼的掌机有着掌机中最为强大的机能,以及前后双触屏等特性,适合进行手机游戏以及大多数独立游戏的二次开发;任天堂的主机有异质化的双屏功能,某些游戏中,其手柄可以将电视画面接收过来,当作大屏掌机进行游玩,有独特创意的开发者可以考虑,但任天堂对于第三方开发者的态度是三大厂商中最不友好的。游戏机平台游戏一般需要通过申请拿到开发机以及专用的开发包工具进行开发,可以通过 E-mail 或微博私信的方式询问申请开发者资格。

2) 目标玩家分析

(1) 从性别上区分可分为男性玩家和女性玩家。男性玩家一般对游戏类型的接受度更广,并且愿意在游戏中投入一点儿时间和金钱;女性玩家则对游戏类型接受上更有局限性,在吸引到自己的游戏上也愿意投入一点儿时间和金钱。

(2) 从年龄段上可简单分为 12 岁以下(童年期),12～18 岁(青春期),18～22 岁(青春后期),22～25 岁(青年前期),25～30 岁(青年中期),30 岁以上用户。童年期玩家喜欢较为简单直观的游戏方式,基本没有收入来源,所以游戏资金需要向父母申请,游戏也要通过父母的审核,设计这个年龄段游戏的时候应考虑父母的因素;青春期玩家逐渐拥有一定可自由支配的金钱,针对这个团体的游戏付费模式值得考究;青年后期的玩家开始逐渐定型,并且有了一笔可完全自由支配的金钱,这个阶段的玩家有较强的消费实力,并且愿意传播自己喜欢的游戏,是不少话题性游戏得以传播的重要原因;30 岁以上的玩家一般口味最为广泛但对素质要求也相应很高,一般拥有最强的消费实力,但心理很难把握。

另外,玩家群体并非上面所说的那样脸谱化,事实上每个玩家的游戏心理都有很多不同之处,对目标玩家分析的目的也并不是教条地一味迎合一部分玩家,而是应找出适合自己游戏存活生长的方法。

3) 故事概要

如果游戏没有一个让人兴奋的故事,如休闲类游戏,在这里可以着重于游戏关卡场景介绍,这一部分的目的在于让阅读者可以通过生动简练的描述,浏览游戏世界,领略游戏的独特玩法。另一方面,如果游戏的故事足够精彩,可分别列出故事梗概以及游玩流程概述。故事梗概不要冗长,简明扼要就好,最好可以将故事的起因、经过、结果交代清楚。如果对自己的文学功底有信心,设一点悬念吊吊其他人胃口也是可以尝试的,不过文字一定要简明扼要。流程概述可以将游戏人物的技能、经历的场景和行动的目的概括清楚。不过在概念文档里建议将两者结合起来编写,在开发文档中可以分别展开编写。

4) 游戏的卖点

其实这部分内容可以在市场上大多数盒装游戏的背面找到,参考市面上的游戏来看,一般选择 5 个主要卖点较为合适。其中尽量避免出现"动人的故事"、"酷炫的画面"这种高频出现的"卖点",除非团队真地在这方面下了很大工夫,达到了市场上大多数作品没有达到的高度,并且有比较好的方法展示出来,否则玩家对这种随处可见的宣传手段基本不会买账。一款游戏好的卖点,应该是能够让你的游戏在市场中的各种游戏中独树一帜的特有品质。

5) 竞争产品

列举出一些已经上市且与你的游戏设计理念相似的游戏,再结合这些游戏对你的游戏进行详解,这样能够让阅读者对你的游戏的大概方向有个更加具体的认识。此外,请务必保证列举的游戏获得了较为成功的市场反馈,这样才对制作人的"布道"更加有力,才能够打动那些始终盯着盈利的投资人,同时也会让发行方的市场部门有一个好的印象,因为这些人了解这个市场,如果举出一个粗制滥造或者反响平平的游戏作为一个参照物,他们有理由会对你游戏的市场前景表示怀疑,这对一个处于筹备阶段的游戏来说是很不利的事情。

### 2. 开发文档

开发文档包含很多方面,关于系统、美术、程序的具体内容和需要的写作风格都不尽相同,但基本都包含如下要点。

(1) 任务的设计目标、预期效果以及实现方向。

(2) 某项任务的表现原型、准确具体的技术需求以及功能的逻辑流程。这里的表现原型可以是你制作的桌面游戏原型或者是可交互的程序原型(可以使用 Axure RP 方便制作)。表现原型不需要非常精美的美工或毫无瑕疵的程序,只需要能够准确表现想要的效果即可,在设计玩法的时候,用原型来测试也是较为高效、直观的方法。逻辑流程尽量以流程图的方式表现,一方面可以发现逻辑上可能出现的错误,另一方面程序组的工作效率也会因为清楚的逻辑而有所提高。

(3) 某项任务在整个项目中的位置,与其他内容的关联程度及其改动可能造成的影响。这对资源整合的效率提高很有帮助,同时也是对一项新旧功能取舍进行利害分析的重要参考依据。

(4) 明确指出完成任务所涉及的资源调配和人员分工。有效切实的分工合作安排可以把每项责任落实到每个人身上,当制作进度出现问题时可以清楚地找到出问题的人进行沟通以解决问题,另一方面也避免了由于权责不清导致有人浑水摸鱼情况的发生。

(5) 任务完成后的测试评估方案。通过这套方案,可以较为清楚地了解到每个组员对于某项任务的执行效率和成果,在后面的任务分配中可以有选择地将适合的任务分配给恰当的组员。

开发文档中的设计部分可以看作概念文档的深入和扩展。设计部分所负载的是整个游戏精髓所在。在整个 GDD 的编写中,如何将设计部分写得生动有趣可能是最为关键的事情了。尽管一个游戏可能只会有一份统一的开发文档,但面对不同的人群,设计文档的写作风格可以做出相应的改变。比如,在编写开发团队内部资料时,可以采用偏理性、便于理解以及更加专业的方式表达自己的预期效果,在用已上市游戏作为参照物时,可以举一些并没有获得比较好的商业成功但有参考价值的例子,比如在描绘水墨画面风格的时候,可以不比较某款正在吸金的国产网游,而是可以举出 capcom 发行的 Okami 作为例子进行解释说明。

而针对市场部或者更高的管理层的文档,则可以多用一些富有煽动性的语言,来激发他们对游戏的兴趣,配上一些令人血脉贲张的概念图以及规范的项目列表征服他们,再用市面上的游戏对自己的想法进行说明时尽量多用时下较为流行、商业上获得成功的游戏进行说明。

而开发部分则需要将每项工作落实到每个具体的工作人员上,制作一个时间管理表,评估每个阶段的游戏开发进度。另外,交代游戏开发所需的技术,给开发人员评估可行性以及开发难度。写好开发部分,是为了在时间和预算成本范围内保证游戏的开发。

设计部分可以由几个如下的版块构成,每个版块占一页纸左右的篇幅较为适宜。

(1) **游戏介绍**:包含游戏的名称、计划发行平台及上市时间、类型、目标年龄、主要系统(对可玩性的概括描述)等一开始就要让阅读者了解到的信息。

(2) **游戏总览**:将概念文档中的故事概要进一步扩展,这里可以把游戏剧情和流程概要稍微展开,流程中的逻辑一定要有序,游戏剧情的概述需要简单流畅地将整个故事的发生、经过、结果解释清楚,因为这时候大多数人会更加关心这一点。因为一个好的故事往往在商业成功中起极为重要的作用,而且不需要投入额外的美工或程序资源。

(3) **角色**:将角色的美术设定和生活背景做简要说明,可以附形象概念图,要将整个游戏流程中角色各个阶段的能力和相关数值清楚列出。列出操作方式时,用游戏控制器加上注解的图片展示比较合适。

(4) **游戏可玩性**:系统地阐述整个游戏世界的规则,具体分析玩法吸引人的地方,适当增加一些感觉上的描述,让阅读者对游戏所试图努力的方向有所认知,可以附上数值图表来进一步说明游戏分析的可靠性,并可以通过与市面上游戏的对比及那些游戏的市场反馈说明游戏的可行性。

(5) **概念艺术**:附上一些游戏概念原画可以帮助阅读者理解游戏想要营造的氛围和试图达到的游戏体验,这种理解可以在开发过程中减少许多不必要的人及财物方面的损失。另外,艺术性高的概念原画会让组员的积极性上升,让他们知道他们在为创作一款有很高价值的作品贡献力量。

(6) **游戏体验**:将游戏想要带给玩家的体验在这里尽情描绘出来,如果不好表达,也可以尝试与已经上市的游戏进行比较说明,但要精简生动。

## 9.2.2　编写策划文档时常见的错误

(1) 首先要明确的是,策划文档并不是一旦完成就不能更改的,任何人都有权利对你的设计进行批评。伴随着开发的展开,策划文档无可避免地需要根据实际情况的限制或是项目的推进不断修改、增删内容,这要求策划师要有随机应变的能力、海纳百川的风度以及做出准确取舍的胆识。此外,一旦文档进行一次版本更新,务必确保每位开发人员手上的策划文档都是相同、最新的版本。

(2) 文档内容一定要符合小组实际的技术实际,可以在筹备初期的会议中尽可能摸清小组的实际能力。另外在开发过程中,与技术人员沟通时需要注意采用有效的对话方式,比如在增加一项功能的时候,不能只简单地询问程序员能否完成这项功能,要问他能在多长时间内完成,如果对游戏体验帮助不大但要耗费大量人力物力,性价比不高时,大可以去掉这项功能。

(3) 设计文档中可以有不同的字体版式来强调突出某项内容,但一定要用得恰到好处,千万不要过多使用那些花哨的字体和排版格式,毕竟可读性才是决定一份文档优秀与否的关键。

(4) 千万不要为了增加文章阅读性或说明自己的观点,捏造一些数据图表,这会对文档的可信度造成致命打击,往往得不偿失。

(5) 不要只给程序或美工一个笼统的描述,在开发文档中一定要有深入细节的表达,比如说某个角色高大威猛时,告诉程序这个角色的攻击力、防御力等具体数值,让美工知道这个角色的具体身高体型的概念,这样才能有效地获得所预想的结果。

(6) 在游戏内容的表述方式上,不要用过于死板教科书似的语言,用能够让阅读者代入游戏中的表达,如在描述"口袋妖怪终极红宝石·始源蓝宝石"中的"口袋多重导航仪"系统时,不要说查看下屏提示来捕捉你附近的精灵,可以描述成"查看下屏的导航仪信息,你可以看到你附近的精灵的剪影,小心地靠近它,逐渐看清它的样子后,捕捉它吧"。

(7) 最严重的错误是你的游戏并不有趣,这多多少少无可避免,但是你可以通过制作功能原型给其他人试玩测试。另外,在测试的过程中不要过于相信同组组员的评价,因为他们已经在这个游戏中投入过多,制作完成前也反复测试过多遍,他们给出的评价可能在无意识中就会带有一些主观想法。

(8) 在一次一次反复更改自己的设计时,策划师往往会产生消极的念头,"会不会不适合这个职业"、"会不会想不到有趣的玩法",然后逐渐就失意落魄,靠"借鉴"别的游戏中的创意度日,这是最可怕的一个错误。一旦策划师失去了游戏、创新的心,那么整个团队更不会有站出来提出自己的有趣想法的人了。记住,千万不要忘记初心。

## 9.2.3　编写策划文档的技巧

掌握一定的技巧,可以在编写策划文档时达到事半功倍的效果。因此,了解一些编写技巧是非常有必要的。

（1）在策划筹备前期，策划师可以定期组织团队其他人员开展自由讨论会议，与他们进行头脑风暴，在筛选其他人创意来逐渐丰满自己的想法的同时，这样做还有利于提高所有成员对游戏的了解和认同感，这对接下来的制作开发很有帮助。

（2）文档要有一个统一的页面布局原则，如正文用五号，副标题用三号加粗，标题用二号加粗的宋体字，每段直接有空隙等，同时还有之前强调过多次的，句子一定要精简，越烦琐的说明，反而越容易让人感觉你的观点不具有说服力。

（3）在排版上可以适当遵循一些视觉引导的内容，比较简单的视角引导有左上角优先，按照一般人从左至右，从上及下的阅读习惯来布局，还可以用不同的字体来标记比较重要的内容，尽量不要用颜色来标记，因为文档不一定都会用彩印打印。

（4）给每项设计一个"优先级"的设置，这样其他组员可以知道自己的工作重心应该如何偏移，避免为了一个并不必要的功能实现而消耗极大的精力时间，这个优先级设置可以在功能介绍前用不同的符号标记来突出，最好别用颜色标识的理由同上。

（5）想出几个替代方案，"Plan A、B、C"这种设计可以让你更加沉着地应对开发上的一些意外事故。

（6）设计文档可以用 PowerPoint、Prezi 或类似软件来制作，这样制作出来的文档更容易分享，也可以更方便地用于游戏宣讲会或打印出来作为参考材料。

（7）在设计文档中描述游戏体验，包括游戏操作感以及场景时，加入一些有体验感受的描绘，写明设计中各个元素的存在目的，这样即便遇上了有想法的程序员或者美工，仍然可以保证游戏的开发方向正确，或许还会有意料之外的收获。

（8）使用多种图样有利于文档表达的简明扼要和对设计思路的梳理，比如流程图有助于梳理设计思路，其中的条件判断项有助于查缺补漏；迁移图可以用来理清操作逻辑，参考该图可以保证核心体验影响不大的情况下，在玩法上进行减法；原型图是用来表现设计的布局方式和视觉焦点的信息，可以简陋但需要有所突出。

（9）文档中附上的数据表格在一开始就要设计好，因为这是接下来数值策划的工作中一直要面对的。

（10）策划文档的标题、层级关系一定要清楚明确，最好将每一部分的功能用关联示意图表达出来，方便查阅。

（11）文档中一定要标注出每一次迭代所增减的功能以及原因，这样可以防止重复讨论相同内容导致的资源浪费。

（12）在表达感受时力不从心，或者某个功能过于复杂抽象难以表达时，可以选择提供动画或程序原型来辅助表达，同时再附上必要的文字说明，因为动画或者原型也有会产生歧义的地方存在。

（13）随时做好存档备份，用一些工具或者手动将资料分类保存在专有的备份硬盘上。另外，这不仅针对当前工作上需要的策划文档，也包括自己脑子里时不时闪现的小点子，不要让它们逐渐被遗忘，写成文档并归类存放起来，方便日后查找使用。

（14）尽量地做好所有可能的、必要的准备，比如游戏的 demo 要做成什么样，在测试或正式版本中要加入什么样的自带"作弊"工具，是提供几种作弊码还是隐藏几个跳关关卡（比如 FC 上超级马里奥的 World 1-2），彩蛋和 DLC 等的内容有哪些，发行商是否要求制作一些特定的内容来配合宣传营销等，尽量早地将事情计划好，不要在游戏开发中一直处于疲于赶工的被动状态。

（15）最后推荐几个辅助工具与国内外精品网站。

① Mindjet MindManage，可以制作思维导向图，可以展现整体的树状系统结构，来清楚阐述一个功能的流程；

② Axure RP，可以方便地制作可以交互且有注释的页面原型，不需要编程能力；

③ Office Excel、Visio，这两个是制作数值表格、关卡设计模型以及流程逻辑图的基础工具；

④ 知乎（有国内外从业者的精彩回答 http://www.zhihu.com/）；

⑤ 游戏邦（各种翻译国外网站的关于游戏制作的好文 http://gamerboom.com/）；

⑥ 触乐网（手游资讯＋较为专业的评测 http://www.chuapp.com/）；

⑦ 游戏葡萄（国内手游资讯 http://youxiputao.com/）；

⑧ 机核网（游戏资讯＋专业游戏评论文章＋每周更新的电台节目 http://www.g-cores.com/）。

# 9.3 文档范例

## 9.3.1 概念文档

**游戏名称**：驱鬼相机

**发行平台**：Android/iOS/PSV

**游戏类型**：虚拟现实 恐怖 解谜 AVG

**受众年龄分析**：14～17 岁，青少年对恐怖题材的积极性较高，同时平时游戏时间较为适宜，需要一些方便又具有一定故事情节的游戏。他们对某一方面较为新颖的游戏比较感兴趣，对新鲜事物接受度很高，比较适合可以随时玩又能够与同伴一起娱乐的游戏。此时他们也逐渐有一定购买力，适合较为廉价的移动平台游戏。

**故事概要**：玩家扮演的主角的父亲有一台从长辈手里继承的古旧相机，这个长辈一生与人接触的少，也没有留下子嗣。主角在一次和同学一起到郊外一处"鬼屋"探险时，将相机偷偷带了过去，在准备返回合影留念时，却透过了相机的镜头，看到了让人惊恐的一幕……相机中出现的究竟是不为人知的真实还是大脑短路产生了臆想？如果是真实的，那么鬼怪从何而来？这台相机的力量又源自哪里？这个相机的原主人又是何方神圣？都等待着玩家去探索……

**核心玩法**：第一人称视角游戏，陀螺仪控制镜头方向，右摇杆移动角色位置（手机上用虚拟摇杆),戴上耳机进行游戏,利用左右声道的声音辨别鬼怪的大致方向,根据声音的音量辨别鬼怪的远近(可以像 The Last Of Us 那样,正常及简单难度在聆听时显示鬼怪大体的方位及轮廓,高难度下只能自己判断鬼怪位置)。当成功绕到鬼怪的背后没被发现时,可以利用消耗型道具将鬼怪直接驱除;若被怪物发现则进入战斗,屏幕中出现相机取景框作为攻击范围,单击取景框或手机拍照按键进行攻击,攻击会出现一定硬值,鬼怪与镜头离得越近越不容易躲避攻击且受到伤害越大,不同的鬼怪攻击方式和移动方式都有所不同;游戏界面中没有血条,玩家被攻击后屏幕边框出现红色血迹特效,特效随生命值降低向中心扩张(效果参见主流 FPS 游戏);战斗获胜可以获得一定奖励,如恢复生命值或获得购买道具所用的货币。

**独特卖点**:采用虚拟现实技术,利用移动设备的摄像头、陀螺仪、耳机等硬件,将玩家带入到一个极度真实的恐怖环境中;玩家可以选择多种攻关方式,可以采取纯粹的躲避,也可以掌握技巧驱除所有鬼怪;多种攻击行为不同的敌人供玩家挑战。

**同类型竞品**:"零"系列、"鬼影相机"

**预计发行日期**: xxxx.xx.xx

## 9.3.2　开发文档

由于开发文档牵扯到许多版权信息,此处仅用归纳出的一套模板代替完整的开发文档。

### 1. 页脚信息

版权信息、页码、当前日期。

### 2. 封面

这里可以放一张炫酷的封面图,可以是概念封面,也可以是搭配着主角剪影的 Logo,总之夺人眼球并且与游戏的风格契合就可以。

### 3. 游戏名

文档版本号,保持更新。

作者,写团队名称。

联系方式,写制作人或主策划的联系方式。

发布日期,写游戏计划发布日期。

### 4. 内容梗概

(1)**目录**,注意保持更新。

(2)**版本历史**,记录每一次修订的更新内容、日期以及修订者。

(3)**游戏目标**,写出宏观上游戏想要达到的目标;列出可以放在包装盒背部标注的新颖机制或玩法(比如"无双蛇魔 2 终极版"的背面说明有：超越作品的豪华角色共演及新角色陆续参战! 充实的新故事及副剧本让剧情更加深化! 配备包含新模式"无限模式"在内的多彩游戏模式 更加进化的团队战斗! 实现系列最高之快感)。另外,如果有,可以列出游戏的联网或无线功能。

(4) **故事大纲**,尽量简短,并能够与游戏的玩法呼应。比如在介绍初始情况时,附带描述一下游戏一开始玩家角色的状态,比如装备、能力等;当游戏剧情需要在某个地点触发时,写出玩家如何从一个地区抵达触发地点;叙述最后的结局时,告诉阅读者玩家最终完成了什么任务,状态会变成什么样。

(5) **游戏操作**,可以先综述玩家的技能,在游戏操作部分里暂时不需要太过细节的描述,有复杂连招的战斗系统暂时可以先不去列出复杂的出招表;操作方案上,如果是多平台游戏,找出所有适合的控制器的图样,在图上标注出对应的操作方案。

(6) **技术需求**(语言保持简洁,不需要扩展来写,因为还有专业的技术设计文档(TDD)详细深入),首先需要让阅读者清楚这款游戏会用到的开发工具以及硬件的具体规格,概述包括游戏世界中的镜头、物理规则、AI 等功能如何实现,以及由谁实现;其次可以将需要用到的设计工具列举出来,比如测试关卡或者测试系统需要用到的工具;如果需要有给测试人员使用的作弊码,也可以在这一项里列出。

(7) **游戏启动动画**,列出游戏启动时将出现的制作信息,包括发行商、工作室、授权方(如果是 IP 授权游戏)、第三方支持商的 logo,以及法律内容。

(8) **过场动画**(如果有),不需要描述整个剧情画面,只要让阅读者有个总体的概念即可,具体的各个分镜也是 TDD 中需要的内容。

(9) **标题/开始界面**,这是一个游戏给玩家的第一印象,制作好一张标题以及含有一些选项的开始界面图片,描述界面的动画效果、如何选择不同的选项、鼠标光标有何变化,详细介绍每个选项的内容,如保存/读取选项中存档文档以什么样的方式展现给玩家,存档名、日期、关卡或章节序列号的分布,是否有与游戏进度相关的提示图片等;值得注意的是,设置选项中的内容与游戏开发紧密相关,所以一定要尽量完整地一次确定下来(至少不需要增加内容);制作人员名单部分往往存在感不高但又不可或缺,可以很常规地列个名单,或者做个计划拍个照片、写个剧本、录个录像放上去,也可以在条件宽裕的条件下制作一个相关的小游戏,提高一下这个部分的存在感,就像 flower 里做的那样。

(10) **彩蛋内容**,只要不触及其他 IP 的版权问题的内容都可以作为彩蛋。彩蛋的存在是为了让游戏更加"有趣"。可以增加一些与开发团队有关的内容,一些关于续作的消息,或者是有实际效果的外观装备,描述一下这部分内容中玩家可以进行怎样的操作(比如是可以与场景里的 NPC 互动,还是只需要坐在那里观看就好),以及如何触发彩蛋内容。

(11) **游戏流程**,梳理从开始到结束的各个 UI 界面,展示包括标题界面、开始界面、读取画面、暂停选项、Game Over、结局等所有界面的布局以及它们之间的逻辑、连接关系,比如只有在游戏进行中按下 Start 键才会有暂停画面,在标题画面中按下任意键可以进入开始界面等,可以用逻辑图将各个界面的关系理顺。

(12) **游戏视角**,确定游戏中可能出现以及主要的操作视角,包括第一人称、第三人称、75°俯视视角、横版卷轴视角、固定视角等。过去每种视角的选择与游戏类型关系密切,比如RPG(美式)就用75°俯视视角,射击类就用第一人称视角等,但现在游戏类型与非传统视角的混搭反而让许多老游戏焕发出了新的生机。比如第一人称的"辐射3"吸引了一些射击游戏玩家尝试,有两种视角可以选择的GTAV几乎有两种不同的游戏体验。视角的选择可以是一个很棒的创新点,从这点入手设计玩法可能有意外惊喜。

(13) **HUD系统**,即在操作角色游戏的过程中屏幕上呈献给玩家的信息,每种游戏各有不同,在这里仅拿出一些比较常见的例子说明(下面讨论的要点也都是如此)。比如在RPG中常见的角色状态头像、地图导航系统、任务提示、光标;在FPS中常见的瞄准十字线、弹药;在ACT中常见的血条、装备栏等。值得注意的是,根据想传达给玩家的体验不同,HUD可以有很多种表现方式,比如科幻电影沉浸式的HUD会把枪支的信息作在枪身的虚拟投影上,人物的血量多少会用镜头周围的血迹多少来表现出来;而追求古典射击游戏体验的游戏,则会把弹药以及人物血量状态排列在画面底部。好的HUD系统对游戏的体验的传达十分重要。在这里最好图文结合来描述HUD设计。

(14) **玩家角色**,包括玩家在游戏中可操控角色的各种设定信息,如角色的名字,角色的概念设定图,角色设计的灵感来源(可以供美工参考,在可接受范围内修改形象),以及玩家角色与剧情中其他角色的关系和在剧情中的地位等。

(15) **角色基本参数**,列出角色的基本能力,比如常见的ACT中,角色的基本能力有平地移动、跳跃、二段跳跃、翻滚(躲闪)、攻击、调查等,然后写出每种能力如何操作,每项能力的参数是什么,操作的效果是什么样的,比如走动跑动的速度分别是多少,一段二段跳跃的高度如何设置,基础攻击力是几,调查动作是即时进行还是需要播放一段几秒的调查动画等。在某些RPG或AVG游戏中,角色还会有一些特殊的移动能力,比如"生化奇兵:无限"中的云梯索道,或"刺客信条4"中的游泳、开船等能力,如何触发这些能力以及这些能力的具体参数也需要在这里说明。写清楚角色的基本参数,因为这将是大部分人对游戏玩法的第一点直观认识。

(16) **角色技能**,将角色升级可能学会的或者花费金钱等资源可以掌握的技能在这里列举出来,将技能的具体参数像上面基本参数一样列举出来,附上掌握技能所需的条件,如果技能数量庞大且有固定学习顺序,可以将角色技能用成技能树等形式展示出来。此外,如果有类似"勿忘我"那样的技能编辑器,也可以将这一类与角色技能有关的系统在这里进行说明。

(17) **道具**,包括回复道具、增益道具、攻击道具、技能书、装备等游戏中可收集物品,可以用表格形式,按效果或一定分类方法,将道具名称、草图、使用效果、如何获得等信息列举出来。将如何选择、使用道具,用什么来容纳道具说明清楚,比如用背包来容纳道具,把打开背包使用道具的样图提供出来,背包容量的问题说明清楚,如果有容量上限那么到达上限后玩家是只能舍弃一部分道具?还是可以用机器传送到一个存储器中?或者放到家里的柜子里？它们的界面又是怎样？其次，在背包或其他容器中如何选择道具？是否可以整理道具？或者是否有将道具粉碎分解换取一些资源这样的特色系统？在这里务必把上述问题说明清楚。

（18）**核心玩法系统**，总地来讲就是与游戏体验最息息相关的玩法，判别游戏优劣与否的最重要因素之一，也是决定游戏分类的最主要因素，比如 FPS 的核心玩法在于射击部分，ACT 的核心玩法在于爽快刺激的战斗等。在这里需要对这一系统做详细的说明介绍，这里以 ACT 游戏为例：首先，说明战斗中玩家可以执行的操作，并给出操作产生的效果及参数；其次，给出玩家在受攻击前可以执行的操作是怎样的，可以触发哪些动作，常见的动作有格挡、闪避等（这些行为看起来比较被动无趣，但也有游戏很好地利用了它们将战斗的爽快和成就感提高到了新的高度，比如"刺客信条"系列的反击，"猎天使魔女"系列的魔女时间等系统）；接着，可以将战斗中可能出现的角色异常状态进行说明，可以用列表说明哪一种武器或攻击方式可能造成怎样的异常状态，出现异常状态的概率是怎样，如何解除这种状态等问题；此外，武器、战斗动作的灵感来源和概念图，武器的具体参数如攻击力、攻击范围、攻击速度等也都需要在这里传达清楚；最后，如果有连招系统，可以附上战斗系统的出招表。

（19）**游戏胜负**，以最常见的 HP 设定为例，在这里需要将 HP 值在 HUD 中如何表现，HP 值如何恢复，HP 值过低时给出怎样的提示，角色死亡后如何复活，游戏胜利后是否有表现评分等系统来给玩家不同的奖励等。值得注意的是，由于死亡是过去街机想方设法"骗币"盈利的产物，现在越来越多的游戏开始想办法将死亡与游戏玩法结合起来处理，比如在"中土世界：暗影魔多"中，主角的肉身从一开始就死亡了，而之后的每一次死亡都会让敌方头目升级，导致整个敌方阵营的洗牌，从而让玩家想办法重新编排队伍组合，而在追求杀敌快感的"无主之地"和着重设计多人模式的"战争机器"等游戏中，角色 HP 归零后会给玩家一点儿时间击杀敌人或者让队友过来救援以"复活"。越来越多的游戏开始在这些打破传统的地方下功夫，以带给玩家更好的游戏体验。

（20）**得分**，这是一个比较陈旧的元素，主要是为了提高玩家的游戏积极性存在的元素，除了街机游戏，现在大多存在于休闲游戏中，目的仍然是为了利用玩家的攀比心理提高玩家活跃度。得分的部分中需要说明的是分数该如何取得，完成某个特定的行为（比如"超级马里奥"中马里奥用头顶破砖块或跳上旗杆等行为）可以获得的分数值，以及得分累积到一定程度可获得的奖励之类；其次如果需要，可以附上一张排行榜的样式图；此外，在现代大型游戏中常有"成就"、"奖杯"系统，这其实可以看作升级版的得分系统，一来让玩家之间的攀比心态有了可以发泄的地方，二来设定了许多特殊的游戏目标，极大延长了游戏的寿命，如果你设计的游戏中不适用或者不喜欢传统的分数系统，也可以在这里说明一下成就的设置，具体的成就系统例子可以参考任一主机游戏的全成就/奖杯列表。

（21）**经济**，可以理解为游戏中的货币制度，但不仅指用金币（或"红魂"之类的货币）购买道具这样的内容，在如"最后生还者"这种世界观里货币意义不大的游戏里，场景中可捡拾的合成基础道具也是一种经济（顺便提一下，这个游戏的经济制度与体验的结合达到了一个很高的高度）。在经济部分里，可以把可购买的内容展示出来，包括界面、商品描述以及每件物品的售价如何设置，售价有地区或季节差异等设定的话，也要写出来。

（22）**故事中其他主要角色**，将之前故事描述中提到的角色概括性介绍下，注意尽量选择对游戏流程有影响的角色，比如主角小队中的其他人员，主角崇拜的人、喜欢的人，以及主角的竞争对手与最终反派等。将角色的形象用文字或草图说明都行，主要说明清楚他们与主角的关联以及他们将会出现的地点。

（23）**游戏流程概况**，给出所有关卡的总览，可以用流程图的形式描述，交代剧情流程与游戏玩点之间的交叉关系，说明在剧情的什么地方角色能够获得什么样的新能力或解锁一些游戏内容如道具、场景等。如果某段剧情的流程将以过场动画或小游戏的方式表现，在这里需要特别说明，比如"仙剑奇侠传三"中主角用御剑飞行逃离雪崩的剧情用了竞速小游戏来表现等情况。

（24）**玩法分类**，描述在核心玩法以及小游戏的规则下，玩家为了获胜可能采取的行动分类。常见的有潜入、载具驾驶等。提供丰富或者穿插着与核心玩法节奏不同的游戏会让游戏更有乐趣，比如在"猎天使魔女"中，游戏的核心玩法是用魔女时间以及流畅的连击将敌人打垮，但由于"审判技"的加入，每隔几场战斗都能够使用一次演出感十足的QTE 处决技能，这时玩家不需要考虑如何配招和躲闪，只需要快速按照提示连续操作即可，游戏中时不时出现的小型 Boss 战（每次必有 QTE 处决）、"打飞机"小游戏以及每次关底的射击游戏，都是为了游戏的乐趣精心设计的。

（25）**关卡总览**，这里的关卡也可以换成沙盒游戏中的世界等概念。可以给出整个游戏地图的样图，将关卡或城镇信息标注在图上并给出如何把信息表现给玩家的示例，介绍玩家如何到达这些地方，是否可以通过大地图传送过去，传送的功能何时开启等。如果有大地图系统，还需要说明一些表现上的细节问题，如大地图的界面如何设计，光标以及玩家角色如何表现，需要的动画、音乐音效元素等。

（26）**场景互动**，列举在整个游戏流程中可能出现的机关陷阱等可互动场景元素，通常需要有例图让设计传达得更加准确。常见的可互动场景元素包括一些平台机关、四处放置的陷阱、场景传送机关等，将它们的效果、外形、玩家该如何利用机关或躲避陷阱、是否在小地图上有导航等问题说明清楚。此外，许多动作游戏中还有一些可破坏的场景元素，破坏它们不仅可以获得视觉刺激，还会有资源上的奖励，将这些可破坏的物品也列举出来，描述它们被击破的效果以及破坏奖励安排。也可以把一些陷阱作成可破坏物品的模样，但注意要可以让玩家从外貌上区分开来，比如浅色罐子是击破可以获得一定金币的，深色的击破后却会爆炸，给自己带来伤害。还有一类场景元素涉及解谜和玩家行动，包括钥匙、可移动的箱子、绳索、可攀爬的梯子墙壁等，注意物体样子的描述（最好配图），交代玩家如何互动以及互动的表现形式等。

（27）**游戏关卡**，具体列出游戏中出现的关卡信息，首先需要列出关卡的名字与简介描述，给出玩家的目标以及该关卡包含的玩法（战斗、解谜或潜行等）、奖励（升级、资源、道具等）以及敌人配置。附上灵感图以及概念草图来描述关卡的视觉风格，说明包括关卡的色彩基调以及在一天中所处的时间(包括清晨、傍晚等,或者为了写实也可以设定为随游戏时间变化的时间),将想通过这个关卡带给玩家怎样的游戏体验表达清楚。为关卡选择的示例音乐也可以在这里提供。此外,关卡的结构设计,包括存档点、需要解锁的关卡内容以及解锁条件、采用陷阱的类型以及地形设计(或机关、陷阱、奖励的布置)等也都需要在这里交代清楚。

(28)**通用敌人 AI**,解释包括行为类型(有巡逻、搜寻、特殊移动方式等)、生成规则、死亡规则、掉落奖励规则等细节问题,着重对敌人的 AI 逻辑进行描述,不要用一些感性的话对程序开发人员造成困惑或误读,这一点对下面的 AI 描述也适用。

(29)**关卡敌人 AI**,对关卡中具体会出现的敌人做具体说明,包括敌人的暂定设定图,敌人的行为类型,敌人的出现关卡,追击规则(寻路逻辑),不同状态下移动的具体参数,攻击的伤害值以及伤害效果,奖励掉落规则等。将敌人在空闲、看到玩家、受击、受伤、死亡的动画表现说明清楚,可以附上简图以便说明。

(30)**Boss 战**,这里需要给出 Boss 更加细致的描述和图片,给出 Boss 具体的尺寸大小,指出它的弱点以及攻击有效位置。需要将 Boss 的行为模式以及每种行为下 Boss 的状态以及基本参数设定写清楚,比如 Boss 在冲刺之前会全身发红一秒,然后冲刺攻击会进行三秒,此时它会处于霸体无硬值以及不受攻击的无敌状态,被 Boss 的正面、侧面碰到将会受到 100 点的伤害。同时,确保 Boss 是可以被击破的,将 Boss 的弱点在这里列出来,将 Boss 不同行为下需要的动画描述出来。此外,将 Boss 战中可能出现的机关、陷阱、可能收集到的奖励或者其他敌人之类的信息交代清楚,在描述玩家体验时,将 Boss 出场动画、变身动画、战败动画以及预计的战斗时间给出。最后,将 Boss 战胜利后的奖励规则给出。

(31)**NPC**,先将游戏中 NPC 的类型总览列出来,常见的有提供信息推动流程、给出任务、受保护的等。将每个 NPC 的名字、性别、年龄、背景设定、类型、出现场景、可进行的互动(对话内容、奖励内容以及模型之间发生碰撞的处理方式等)等 NPC 设定信息列出来。

(32)**过场动画**,如果有的话,将所有计划出现的动画用列表方式呈现,将每段动画的梗概以及触发时机(完成任务或达到关卡的某处)等列出。

(33)**音乐音效**,给出音乐列表,将所需的音乐全部列出,包括关卡、场景、交易界面、选择界面、动画、标题界面、暂停界面、结束界面、制作人员名单等所需要的音乐,将需要的音乐风格、音色、给人的感觉详细表达清楚,具体可以参考一些游戏的原声 CD 附带的说明。

(34)**附录**,需要制作的内容在这里可以以列表的形式罗列,如玩家角色动画、敌人动画、NPC 动画、音效、音乐等,过场动画的脚本图、角色对白文本、警告文本、引导等游戏中可能出现的文本也可以在这里详细给出。最后,附上参考资料信息。

# 小结

本章从策划文档的概要介绍开始,讲解分析编写策划文档的思路,最后概括出一个完整的游戏文档模板。

概要介绍部分着重分析了编写策划文档的目的与益处,按开发顺序将策划文档划分为概念文档和开发文档两种,并在下文中详尽分析了两种文档分别应包括的内容以及注意事项,列出了 8 条常见错误与 15 条应用技巧。

最后,给出了一篇一页篇幅的概念文档示例,以及收集总结出的一个开发文档规范供初学者参考。

# 作业

1. 挑选三个玩过的游戏,总结出它们最吸引你的玩法以及你认为的卖点,然后收集总结它们包装背面(数字版游戏可参考商店的宣传语)标出的独特玩法。

2. 用你自己的创意,编写一份游戏概念文档,篇幅尽量控制在一页纸内。

3. 选择一款你玩过的游戏,尝试逆推出一份概念文档,可以自行在游戏中截图来结合语言描述编写。

4. 查阅资料,将 9.2.3 节的第 8 项提到的几种图弄清楚,将第 3 题中玩法等合适内容用图表的方式总结出来,制图工具可参考 9.2.3 节技巧中的第 15 条。

5. 将第 3 题完成的概念文档扩展成开发文档,主要内容选择开发文档模板给出的 34 项中任意 7 项即可。